박문호 박사의 빅히스토리 공부

박문호 박사의 빅히스토리 공부

1판 1쇄 발행 2022. 6. 30.
1판 9쇄 발행 2023. 9. 27.

지은이 박문호

발행인 고세규
편집 강영특 | 디자인 정윤수 | 마케팅 박인지 | 홍보 장예림
발행처 김영사

등록 1979년 5월 17일 (제406-2003-036호)
주소 경기도 파주시 문발로 197(문발동) 우편번호 10881
전화 마케팅부 031)955-3100, 편집부 031)955-3200 | 팩스 031)955-3111

값은 뒤표지에 있습니다.
ISBN 978-89-349-6178-9 03400

홈페이지 www.gimmyoung.com   블로그 blog.naver.com/gybook
인스타그램 instagram.com/gimmyoung   이메일 bestbook@gimmyoung.com

좋은 독자가 좋은 책을 만듭니다.
김영사는 독자 여러분의 의견에 항상 귀 기울이고 있습니다.

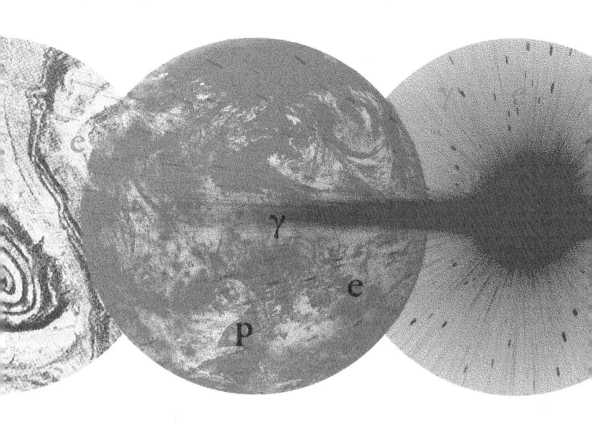

박문호 박사의

박히스토리 공부

박사의

우주의
탄생부터
인간 의식의
출현까지

HISTORY
OF THE
UNIVERSE

김영사

차례

들어가는 말 6

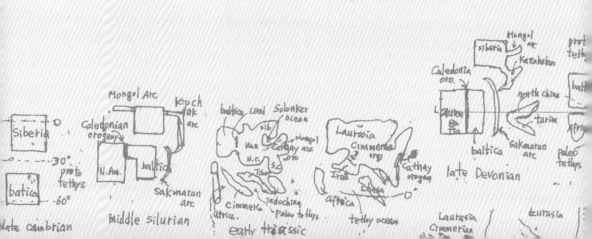

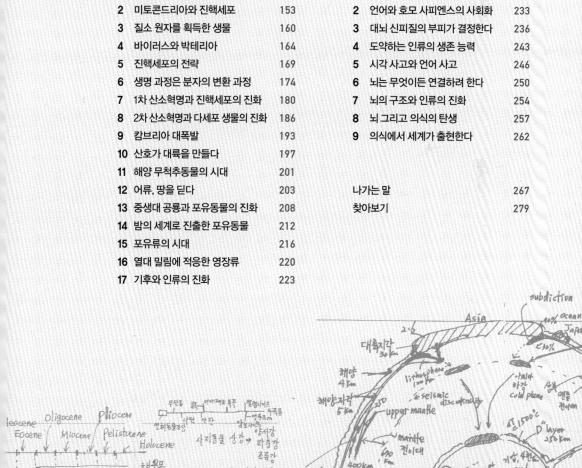

제3장 생명의 진화

제4장 인간과 의식의 진화

지구라는 행성에서 인간 출현에 이르는 진화를 추적하는 긴 여정은 소년의 문득 멈춘 발걸음에서 시작되었다. 1960년대 울진군 후포리는 등대가 있는 어촌 마을이었다. 수평선과 파도 소리가 삶의 배경이었다. 중학생 시절 어느 봄날이 기억난다. 학교와 집을 오가던 비포장도로에서 걸음을 멈추니 고요한 봄 바다가 태초의 평안처럼 느껴졌다. 그때부터 산과 바다 그리고 하늘이 의식의 심층으로 스며들어 자리 잡기 시작했다. 학창 시절 내내 생각의 바탕에는 자연이 존재했고, 인간, 사회, 자연의 심층 구조를 찾아내고 싶었다. 미국에서 전자공학으로 박사학위를 받은 뒤 귀국하는 비행기에서, 소년 시절 보았던 자연이 홀연히 되살아났다. 태평양 상공에서 일출을 보며 태양이라는 별과 지구라는 행성이 확연히 다가왔다. 공익사단법인 '박문호의 자연과학세상'(박자세)에서 지난 14년간 '137억 년 우주의 진화'라는 제목으로 연속 강의를 하면서 빅뱅에서 인간의 출현까지를 공부하게 되었다.

우주의 탄생에서 인간의 가상 세계까지 이어지는 과정에는 다양한 학문 분야가 관련된다. 천문학, 지질학, 분자세포생물학, 진화학, 양자역학, 암석학, 열역학, 생리학, 비교해부학, 상대성이론, 우주론, 입자물리학, 뇌과학의 핵심 지식을 통합적으로 연결해야 한다. 자연과학 개별 분야의 핵심 정보를 결합하여 별, 지구, 생명 진화를 추론해야 한다. 강의를 들은 '박자세' 회원들과 함께 2008년부터 매년 두 차례 해외 학습 탐사를 다녀왔다. 박자세 회원들과 함께 펴낸 몽골과 서호주의 지질과 자연에 관한 책이 인연이 되어 EBS 〈세계테마기행〉에 출현하게 되었다. 〈세계테마기행〉에 방영된 서호주, 몽골, 뉴질랜드, 남미 안데스산맥, 브라질 아마존강, 베네수엘라 로라이마 편을 준비하면서 지질학이 구체적으로 다가왔다. 지구라는 행성의 다양한 모습을 탐사하면서 지질학적 관점에서 생명 현상을 바라보게 되었다. 박자세 해외 학습 탐사는 주로 사막 지역에서 야영을 한다. 호주 서쪽 샤크베이 부근에서 야영하던 밤이 기억난다. 지평선에서부터 촘촘히 빛나던 그 많은 별과 은하수에 전율한 그 여름밤, 홀로 그 은하수 아래를 서성이며 존재의 근원을 마주하고 싶었다. 박자세에서 지난 14년간 강의한 내용을 바탕으로 이 책을 시작했다. 하나의 통합된 관점으로 우주, 지구, 생명, 인간을 설명하고 싶었다. "별빛이 바위에 스며들어 꽃이 피었네"라는 시 구절이 있다. 어린 왕자의 별을 간직하려면 물리학자의 별을 먼저 품어야 했다.

별빛을 구성하는 광자가 전자에 흡수되고 양성자를 세포 외부로 방출하는 과정이 바로 생명 현상이다. 전자, 양성자, 광자는 자연을 구성하는 입자다. 자연은 전자, 양성자, 광자 상호작용의 무한한 중첩 현상일 뿐이다. 중력을 제외한 자연의 모든 현상은 전자, 양성자, 광자의 다양한 상호작용이다. 이 책은 바로 전자, 양성자, 광자의 작용으로 우주, 지구, 생명, 의식을 설명하려고 한다. 지난 10년간 일곱 차례 호주의 지질을 탐사하면서 서호주의 붉은 대지와 은하수 가득한 밤하늘을 좋아하게 되었다. 서호주 필바라 지역에서 35억 년 전 시생대 지층을 보았고, 샤크베이에서 초기 지구에서 산소 분자를 생성한 시아노박테리아의 흔적인 스트로마톨라이트를 보았다. 몽골 탐사도 여섯 차례 진행했다. 몽골 고비사막에서 백악기 말기 공룡 화석이 있는 네메게트 지층을 탐사했다. 지질과 생명의 상호 관계는 중요한 공부 주제였다.

박사학위를 받은 이후 20년간의 자연과학 공부는 빅뱅에서 시작해 인간의 출현에 이르기까지 138억 년이라는 우주의 진화를 광자, 전자, 양성자의 관점에서 바라보는 시도였다. 이 책은 우주에서 인간의 상징에 이르는 과정을 우주, 지구, 생명, 인간의 네 단계로 설명한다. 이 책에서 강조하는 핵심 내용을 요약하면 아래와 같다.

우주: 우주의 네 가지 힘, 광자, 전자, 양성자 출현, 수소 원자의 탄생, 최초의 별

행성 지구: 태양계의 생성, 행성의 진화, 판구조 운동, 광물의 진화, 토양의 생성, 산소의 출현

생명: 생화학 회로의 출현, 세포내공생, 광물과 생물의 공진화, 진핵세포, 척추동물의 진화, 포유류

인간: 신생대 대륙 이동, 도구 제작, 언어, 전전두엽의 발달, 문화적 진화, 가상 세계

별, 지구, 생명, 인간 모두에게 적용할 수 있는 관점은 이 모든 자연현상의 바탕에 광자, 전자, 양성자의 상호작용이 있다는 것이다. 138억 년 우주의 진화가 생성한 자연현상을 통합적으로 공부하는 효과적인 방법은 세 가지로 요약할 수 있다.

첫째, 기원을 추적하라. 우주, 별, 지구, 인간 모두 시작점이 있다. 모든 자연현상에는 반드시 기원이 있다. 원핵세포, 광합성, 진핵세포, 다세포 생물, 육상 척추동물, 포유류, 영장류, 호모 사피엔스로 이어지는 과정에는

모두 생화학적 초기 조건들이 있었다.

둘째, 시공을 사유하라. 자연은 시간과 공간이라는 무대 장치에서 펼쳐지는 공연과 같다. 일반상대성이론은 더 나아가 시간과 공간이 분리된 실체가 아니며 에너지와 물질이 서로가 서로를 결정하는 동적 관계임을 밝혀냈다. 인간의 기억도 장소와 시간이 얽혀 형성되고, 그로써 일차의식이 출현한다. 시공과 에너지의 상호관계는 바로 우주 그 자체다.

셋째, 패턴을 발견하라. 산화-환원 과정에서 세포 속 분자들의 변화 패턴이 생화학의 핵심이다. 분자, 세포, 개체 들이 공간과 시간에서 변화하는 패턴이 바로 진화다. 시간과 공간에서 펼쳐지는 물질과 에너지 패턴의 변화가 바로 자연이다. 신경세포 시냅스에서 벌어지는 원자 배열의 패턴 변화가 우리의 생각이다. 패턴은 원자, 분자, 개체들의 배열 상태다. 자연 속 존재들의 배열 패턴 개수가 바로 엔트로피다. 가장 높은 확률의 패턴으로 가려는 속성이 바로 자연현상이다.

덧붙여 반복의 중요성을 빼놓을 수 없다. 반복하지 않으면 도무지 익숙해지거나 기억하기 어렵다. 이것은 평소의 내 지론이며, 이 책에서도 이를 반영해 중요한 내용을 거듭 반복해 설명했다. 이 같은 의도를 독자들이 이해해주기 바란다.

이 책에 실린 그림들은 강의 중에 칠판에 그린 그림과 도표를 방혜욱 씨가 정성스럽게 옮겨준 것이다. 항상 고마운 마음이다. 원고를 수정해준 박자세 회원들과 특히 김우현 선생님께 감사한다. 원고의 완성도를 높이고 책에 대해 다양한 관점의 조언을 해주는 김영사 편집진에 감사한다. 지난 14년간 박자세에서 진행한 우주의 진화와 뇌과학 강의를 열심히 들어준 모든 분 덕에 이 책이 나오게 되었다. 4장 9절은 안토니오 다마지오의 《느끼고 아는 존재》에 수록한 해제를 조금 다듬은 글이다. 다른 글과 결이 다소 다르지만, 인간의 느낌과 앎이라는 중요한 주제를 다루고 있어 수록했다. 흐름출판사에도 두루 감사한다. 공부에 몰입하게 도와준 아내에게 감사드린다.

2022년 5월

박문호

일러두기

1. 본서에서 학술용어, 해부학 용어를 표기할 때 대체로 우리말로 번역하였으나 이미 원어가 익숙한 경우 원어를 음차하였다. 외래어는 외래어 표기법을 따라 표기했으나 이미 익숙한 인명, 지명 및 해부학 명칭은 관례에 따랐다.
2. 온도의 표시는 섭씨를 기준으로 하였다.

HISTORY

제1장

빅뱅과 초기 우주

OF THE

UNIVERSE

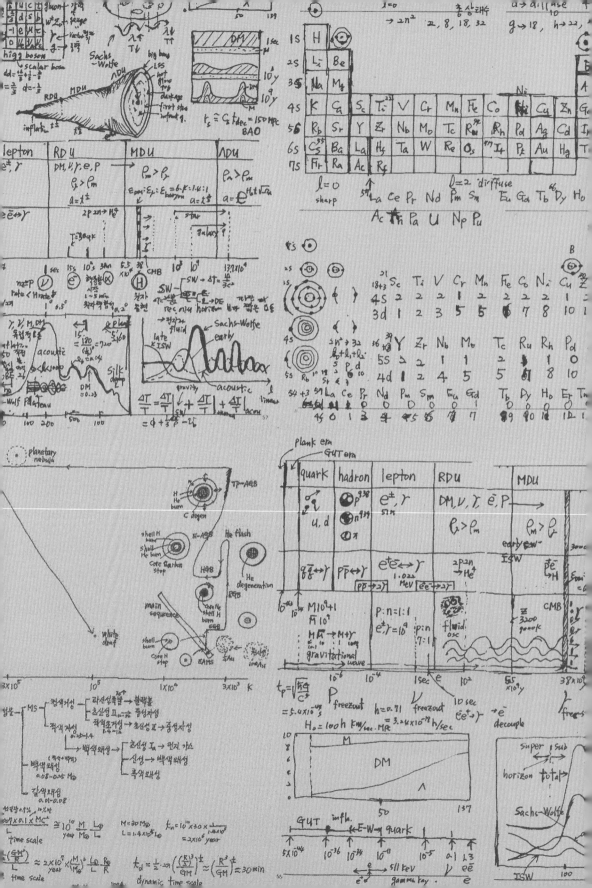

1   우주 모든 것은 서로 연결되어 있다

138억 년 전 갑자기 우주가 출현했다. 빅뱅으로 탄생한 우주와 더불어 시간과 공간도 생겨났다. 빅뱅은 시간과 공간의 생성 그 자체이므로, 빅뱅 이전에도 시간이 존재했는지에 대한 문제는 아직까지 과학의 영역이 아니다. 빅뱅 후 플랑크 시간이 지나면서 중력이 출현했다. 10^{-43}초인 플랑크 시간은 물리상수를 조합한 공식 $t=(hG/2\pi c^5)^{1/2}$에서 구해진다. 이때 h는 플랑크 상수, G는 만유인력 상수, c는 광속이다.

빅뱅 후 플랑크 시간까지의 매우 짧은 순간에 우주가 어떤 상태였는지 현대 물리학으로는 설명할 수 없다. 빅뱅부터 중력이 출현하기 이전까지의 매우 짧은 시간 동안 우주는 초기 블랙홀의 생성과 소멸 때문에 인과적 세계가 아닌 양자 확률의 거품 같은 세계였다. 플랑크 시간을 통과하면서 우주의 네 가지 힘(중력, 강력, 약력, 전자기력) 중 중력이 최초로 분화되어 팽창하는 우주 속으로 뻗어나갔다. 빅뱅 후 10^{-35}초를 지나면서 우주는 급팽창해 양성자보다 작은 우주에서 10^{50}배 팽창하여 반지름이 약 1미터인 우주가 되었다.

초기 우주가 급팽창했다는 인플레이션inflation 이론은 윌킨슨마이크로파비등방성탐색기Wilkinson Microwave Anisotropy Probe(WMAP)와 플랑크PLANCK 인공위성의 관측 결과가 뒷받침한다. 급팽창 이론을 활용하면 우주론의 난제였던 우주의 평탄성과 지평선 문제를 해결할 수 있다. 현재까지 관측한 결과, 우주는 휘어진 구조를 갖지 않고 대단히 평탄한데, 이는 급팽창(인플레이션)으로 인한 것이다. 지평선 문제는 빛으로도 연결할 수 없을 만큼 멀리 떨어진 우주 두 곳의 온도와 밀도가 10만분의 1 수준으로 거의 균일한 현상을 말한다. 빅뱅 초기의 우주가 인플레이션 시기에 가속 팽창으로 멀어진 후 서로 연결되지 않고 현재까지 그 상태를 유지하기 때문이다.

빅뱅 후 100만분의 1초가 경과하면서 쿼크들이 강한 상호작용으로 결합하여 우주에 양성자와 중성자가 출현했다. 중성자는 양성자보다 질량이 조금 더 커 중성자가 에너지가 낮은 양성자로 전환되는 베타붕괴가 일어난다. 진공에서 중성자는 15분이 지나면 베타붕괴로 인해 전자와 반중성미자를 방출하고 양성자로 전환된다. 그래서 현재 우주에서 중성자는 대부분 원자핵에 구속된 상태로 존재한다. 새로운 중성자 다발은 별 속의 핵변환 과정과 초신성 폭발에서 생성된다.

빅뱅 후 대략 1초가 지나면서 중성미자가 우주에서 독립된 입자로 출현해 광속으로 달리기 시작했다. 중성미자는 별 속의 핵융합 과정에서 대규모로 방출됐는데, 대부분의 별 중심부에서 양성자 4개가 융합하여 헬륨 원자핵인 알파입자로 전환하는 과정에서 감마 파장의 광자와 함께 생겨났다. 이후 광자와 중성미자 모두 광속으로 태양을 빠져나왔다. 광자는 태양 표면까지 나오는 과정에서 많은 입자와 충돌하기 때문에 약 100만 년의 시간이 걸리지만, 중성미자는 물질 입자와 상호작용을 거의 하지 않아 수 초 안에 태양을 빠져나온다.

빅뱅 후 약 3분을 통과하면서 우주에 알파입자가 출현했다. 알파입자는 양성자 2개와 중성자 2개가 강한 상호작용인 핵력으로 결합한 헬륨 원자핵이다. 별 속의 핵융합 과정에서 알파입자는 다른 알파입자와 핵융합하여 탄소, 산소, 네온, 마그네슘 원자핵을 합성한다. 빅뱅 후 38만 년이 경과하면 우주의 크기가 커진 만큼 온도가 급감하여 3000도 정도가 된다. 이때, 우주 속 전자들의 운동 속도가 줄어들어 양성자에 전자기력으로 구속

빅뱅 후 시간 경과에 따라 우주가 팽창하면서 우주의 온도가 감소한다.

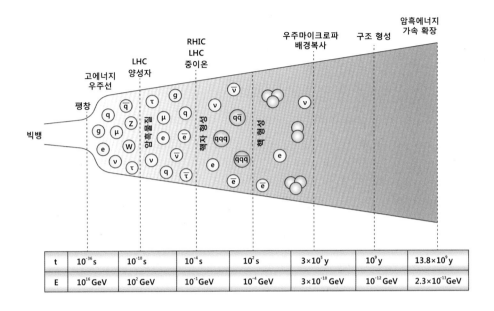

t	10^{-36} s	10^{-10} s	10^{-4} s	10^{2} s	3×10^{5} y	10^{9} y	13.8×10^{9} y
E	10^{16} GeV	10^{2} GeV	10^{-1} GeV	10^{-4} GeV	3×10^{-10} GeV	10^{-12} GeV	2.3×10^{-13} GeV

빅뱅 이후 양성자, 수소 원자, 최초의 별, 태양계, 지구형 행성이 탄생했다. 양성자는 빅뱅 후 100만분의 1초가 지난 뒤 출현했고, 38만 년 후에 전자를 포획하여 수소 원자가 되었다.

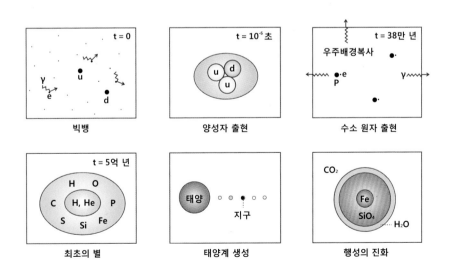

되어 수소 원자가 출현한다. 우주 초기에는 온도가 매우 높아 절대 온도와 섭씨 온도의 차이가 거의 없었다.

마이너스 전하의 전자와 플러스 전하의 양성자 간 상호 인력으로 인해 전자가 양성자에 구속되어 수소 원자가 만들어졌다. 빅뱅 후 38만 년 이전까지는 우주의 온도가 높아 전자들이 빠른 속도로 움직이면서 광자와 반복적으로 충돌했다. 하지만 우주 속의 광자들은 태양 속 광자들처럼 진행 거리가 짧아 좁은 영역에 갇혀 있었다. 빅뱅 후 38만 년이 경과하면서 전자가 양성자와 결합하여 수소 원자가 출현하고, 전자와 충돌하던 광자가 팽창하는 우주 속에서 광속으로 빠져나오는데, 이때부터 자유롭게 된 광자 다발을 우주마이크로파배경복사cosmic microwave background radiation(CMB)라 한다.

광자와 전자가 마지막으로 충돌해 산란한 그 현장을 최후산란면last scattering surface(LSS)이라 한다. 2000년대 이후 WMAP과 PLANCK 인공위성이 빅뱅 후 38만 년 당시 우주의 광자들을 측정했다. 이 광자들의 에너지를 온도 차이로 측정한 결과, 수소 원자가 주요 구성 요소인 초기 우주에서 지역마다 조금씩 온도에 차이가 있었음이 밝혀졌다. 초기 우주의 영역마다 섭씨 10만분의 1도 정도 차이가 있었음이 밝혀진 것이다. 우주가 팽창하는 138억 년 동안 10만분의 1도라는 미세한 온도 차이 속에서 은하와 은하 사이의 공간이 형성되었다.

빅뱅 38만 년 이후부터 우주 구성 성분의 비율은 수소 원자 75퍼센트, 헬륨 원자 24퍼센트로 자리 잡았다. 그리고 실체가 밝혀지지 않은 암흑물질이 주기율표의 원소로 구성되는 물질보다 더 많이 존재했다. 초기 우주의 수소와 헬륨 원자들은 이 암흑물질의 중력에 의해 모여들었고, 온도와 압력이 높아짐에 따라 빅뱅 후 약 5억 년이 지나자 최초의 별이 출현했다.

최초의 별 중 질량이 태양의 100배가 넘는 것들은 수백만 년 안에 폭발하여 중심부는 블랙홀이 될 확률이 높았다. 질량이 큰 별들은 수명이 짧으며, 마지막 순간에 폭발하면서 대규모의 성간물질을 만들었다. 이 성간물질들은 다시 중력 수축으로 핵융합하는 별이 되었다. 그런 식으로 별의 탄생과 붕괴의 순환 과정이 빨라졌다. 빅뱅 후 약 10억 년 안에 최초의 은하들이 출현했으며, 약 132억 년 전 태양이 속해 있는 우리 은하인 은하수Milky Way가 생겨났다.

우주의 시대는 복사지배 우주, 물질지배 우주, 암흑에너지지배 우주로 구분된다. 빅뱅 이후 약 5만 년까지는 우주의 구성 성분 중 에너지가 높은 광자가 압도적으로 많은 복사지배 우주시대radiation-dominated era였으며, 빅뱅 후 5만 년에서 98억 년까지는 물질지배 우주시대matter-dominated era였다. 빅뱅 후 98억 년 이후부터는 암흑에너지지배 우주시대dark energy-dominated era다. 현재의 우주는 팽창으로 인해 진공 영역이 확장되면서 진공 자체의 에너지에 의해 지수함수적으로 가속 팽창하고 있다.

진공에는 양자 요동에 의한 진공 에너지가 존재하는데, 이 진공 에너지에 의해 우주가 가속 팽창하고 있다고 학자들은 추정한다. 우주 속의 물질과 암흑물질에 의한 중력에는 서로 당기는 인력만 존재하는데, 진공 에너지는 음의 압력, 즉 팽창하는 힘으로 작용한다.

태양은 46억 년 전에 은하수 내 성간물질의 중력 수축으로 탄생했다. 태양이 핵융합을 시작하여 주계열성main sequence star이 되면서 태양 생성과 동시에 태양계의 행성들도 만들어졌다. 주계열성은 그 중심에서 수소가 헬륨으로 변환하는 핵융합을 하는 별이며, 별의 대다수는 주계열성이다. 수소와 헬륨 같은 가벼운 원소들이 중력에 의해 질량 중심으로 모여들어 핵융합하는 별인 태양이 되었다.

태양이 생성되는 과정에서 산소, 규소, 철의 화합물들이 결합하고 점차 질량이 증가하여 중력이 강해지면서 미행성들이 출현했다. 미행성들이 합쳐져서 수성, 금성, 지구, 화성 같은 지구형 행성이 탄생했다. 미행성은 주로 규소 산화물로 이루어진 지름 1000킬로미터 정도의 천체로, 태양이 만들어질 때 함께 탄생했다고 추정된다. 지구형 행성들은 질량이 작고 중력이 약해서 가벼운 수소와 헬륨을 중력으로 구속할 수 없지만, 목성과 토성처럼 중력이 큰 행성들에는 수소와 헬륨이 풍부하다. 금성은 지구보다 태양과 가깝고 온실효과로 대기 온도가 높아 액체 물이 기체가 되어 우주 공간으로 탈출하여 바다가 점차 사라졌다고 추정된다. 화성은 질량이 작고 자기장이 미약하여 태양풍을 막지 못해 초기에 존재했던 바다가 약 32억 년 전에 사라졌다.

지구는 물이 기체, 액체, 고체 상태로 존재할 수 있는, 태양과 적당한 거리에 위치하고 있는 매우 드문 행성이 되었다. 물 분자는 진공에서는 기체 상태로 존재하고 태양계의 행성과 위성에서는 주로 고체인 얼음으로 존재한다. 지구가 만들어지고 약 1억 년 이내에 대기 중에 머물던 기체 상태의 수증기가 물방울이 되어 자유 낙하하여 바다가 출현했다.

지구에서 액체 상태의 물은 지각 위에 바다의 형태로 존재한다. 40억 년 전 초기 바다에서 최초로 자기 복제가 가능한 생명 현상이 출현했다. 생명 현상에는 자기 복제와 촉매 기능이 핵심인데, RNA 분자가 출현하여 복제와 촉매 기능을 함께할 수 있었다. 이후 복제 기능은 DNA가 전담하고, 촉매 기능은 단백질이 주로 담당하게 되었다. 최초의 생명체는 원핵세포이며, 자기 복제와 촉매 기능을 모두 할 수 있는 짧은 RNA 가닥을 지질막으로 싼 구조였을 것으로 추정된다.

원핵세포에서 호흡과 광합성이 진화했다. 호흡과 광합성은 생명 현상을 지구에서 생명의 출현은 수소와 탄소 화합물로 구성되는 탄소 골격, 호흡 작용의 TCA 회로, DNA와 RNA에 의한 유전 현상으로 이어진다. 원핵세포인 시아노박테리아에 의해 물 분해형 광합성이 시작되었고, 진핵세포에서 다세포 생물이 출현한 뒤 식물, 동물, 균류가 등장했다.

고생대에 대기 중 산소 농도가 높아지면서 물고기가 육상 척추동물로 진화했고 중생대 초기에 포유동물이 출현했다. 신생대 초기에 영장류에서 분화한 인간 선조들이 호모 사피엔스로 진화해 언어 상징이란 가상 세계를 만들었다.

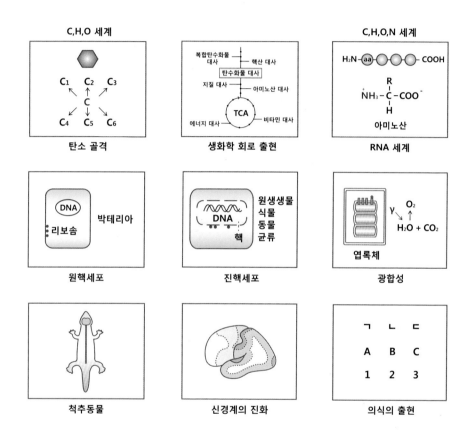

유지하는 2개의 기둥이다. 호흡은 유기물 분자를 분해하여 에너지를 만드는 분자 변환 과정으로, 산소를 이용하는 유기호흡과 산소가 필요 없는 무기호흡으로 나뉜다. 원핵세포들은 대기 중에 산소 분자가 없는 40억 년 전부터 진화해왔고 무기호흡으로 에너지를 획득했다. 약 35억 년 전에 출현한 원핵생물인 시아노박테리아cyanobacteria(남조세균)가 최초로 물 분해형 광합성에 성공하면서 물 분자에서 분리된 산소 분자가 기체가 되어 대기 중으로 방출되었다. 산소 원자는 지구 맨틀에서는 고체 결정 속에 존재하고, 대양에서는 액체로, 대기에서는 기체 상태로 존재한다.

바닷물은 수소와 산소 원자가 결합한 액체 상태지만 대기 중의 산소는 기체 상태의 분자다. 약 20억 년 전 1차 산소혁명을 거치며 대기 중에 1퍼센트 정도의 산소가 축적되었다. 이로써 지구 대륙의 광물들이 산소 분자와 결합하는 산화 과정을 거쳐 대략 3000종류의 새로운 광물들이 출현했다. 대기에 산소 분자가 많아지면서 산소를 이용하여 에너지를 획득하는 산소 호흡 박테리아가 출현하고, 이러한 박테리아가 숙주 세포 속에 공생하면서 미토콘드리아로 진화했다.

미토콘드리아의 세포 내 공생에 더하여 핵막을 갖게 된 숙주 세포는 진핵세포가 된다. 원핵세포에서 진핵세포가 진화하고 약 7억 년 전 눈덩이 지구Snowball Earth 사건으로 시아노박테리아가 대번성해, 그 결과 2차 산소혁명이 일어나서 다세포 생물이 출현했다. 신원생대의 눈덩이 지구 사건은 세 차례(7억 2000만 년 전, 6억 4000만 년 전, 5억 8000만 년 전)에 걸쳐 전 지구가 빙하로 덮인 사건이다. 눈덩이 지구 사건의 여파로 대기 중 산소가 급격히 증가했다. 2차 산소혁명으로 대기 중 산소 농도가 20퍼센트로 높아지면서 5억 4000만 년 전에 고생대 캄브리아기가 시작되었다.

캄브리아기에는 해양 절지동물이 다양해지면서 일명 '캄브리아기 대폭발'이 일어났다. 고생대 실루리아기에는 바다의 녹조류에서 최초의 육상 녹색식물이 출현했다. 약 3억 7000만 년 전 고생대 데본기에 최초의 양치 식물 숲이 출현하고, 물고기가 육지로 진출해 양서류로 진화했다. 약 3억 년 전 고생대 석탄기에는 산소 농도가 30퍼센트로 높아지면서 곤충과 양 서류가 번성하였고, 석탄기 후기에는 양서류에서 파충류가 진화했다. 석탄 기에는 남반구 곤드와나 대륙에서 대규모 빙하가 발달했다. 고생대 페름 기에는 반룡류의 파충류가 번성하다가 페름기 말에 대멸종으로 사라졌다. 2억 5000만 년 전 페름기 말에 시베리아의 현무암 홍수^{flood basalt} 사건으로 대기 중 산소 농도가 낮아져 트라이아스기 말까지 저산소 상태가 지속되 었다. 약 2억 3000만 년 전 트라이아스기 말기에 공룡과 포유류의 조상이 출현했다.

공룡이 중생대 육상 생태계를 장악하면서 몸집이 작아진 포유동물은 밤 으로 진출했다. 공룡은 몸이 거대해지는 방향으로 진화하고, 포유동물은 쥐만 한 크기로 고정되어 밤의 환경에 적응하면서 청각, 균형감각, 어금니, 태반이 진화했다. 6600만 년 전 운석 충돌로 생태 환경이 변화되어 육상의 거대 공룡은 멸종하고 포유동물이 지배하는 신생대가 시작되었다. 야행성 환경에 적응하면서 중추신경계가 발달한 포유동물은 신생대에 이르러 고 래와 박쥐에서 보듯 바다와 하늘의 생태 환경에도 적응했다.

포유동물은 단공류, 유대류, 태반류로 진화했는데, 그중 태반포유류는 어미와 새끼의 생리적 유대가 강하고, 어미의 젖을 통해 에너지와 면역력 을 획득하면서 환경 적응 능력을 발달시켰다. 뇌 신경 시스템이 발달함에 따라 환경에 적응하는 능력이 커진 포유동물은 거의 모든 기후 환경에 적 응하게 되었고, 신생대를 거치면서 4500여 종으로 다양해졌다. 약 3000만 년 전 포유류가 열대 밀림에 적응하면서 입체 시각과 삼원색을 감지하는 시각이 발달했다. 약 2000만 년 전 신생대 마이오세에는 한해살이 꽃식물인 풀이 전 지구적으로 확산되었다. 이때 대규모 초지가 만들어져 대형 초식동물이 출현했다.

약 2500만 년 전 인도판이 아시아판과 충돌하고 그 여파로 일본 열도가 아시아판에서 분리되어 동해가 생겨났다고 추정된다. 동아프리카는 약 400만 년 전에 사바나 기후로 바뀌었다. 사바나 기후로 바뀌는 시기에 초기 인류의 선조가 아프리카에서 출현했다.

침팬지에서 분리되어 진화해온 인간 선조는 약 200만 년 전부터 불을 사용하고 도구를 제작했다. 불을 사용함으로써 음식을 익혀 먹고, 육식을 통해 단백질을 섭취한 인간은 정교한 손동작 조절 능력을 획득해 도구를 제작할 수 있게 되었다. 이로써 인간의 뇌가 발달하기 시작했다. 대뇌피질의 연합영역이 두 배로 확장되면서 감각연합피질에서 시각, 청각, 촉각이 연합되고 해마에서 행동 기억이 만들어졌다.

초기 인류는 200만 년 전 구석기 시대에 먹이를 찾아 수렵과 채집을 하는 이동 생활을 시작했다. 수렵·채집 생활에서는 장소 기억이 중요한데, 여러 장소에서 경험한 내용이 대뇌피질의 연합영역에서 장기기억으로 축적되어 비슷한 장소에서 행동을 안내했다. 동물의 행동은 감각에서 촉발되지만 인간의 행동은 기억에서 나온다. 감각연합피질이 감각을 연합하여 장기기억을 생성하고 운동연합피질이 확장됨에 따라 구석기 시대의 우리 선조에게서 운동 계획 과정이 발달했다. 감각 입력에서 기억이 발달하고, 기억에서 행동이 출력되면서 감각, 기억, 지각, 상징, 운동 계획, 언어로 인지 능력이 급속히 진화했다. 가상 세계의 출현은 언어 사용이 초래한 필연적 결과다.

2   자연현상은 전자, 양성자, 광자의 상호작용

138억 년 전 빅뱅에서 시작해 언어 상징을 통한 가상 세계의 출현에 이르는 우주의 진화 과정을 간략히 살펴보았다. 우주의 모든 현상을 효과적으로 바라보는 세 가지 관점은 다음과 같다. 첫째, 기원의 추적, 둘째, 시공의 사유, 셋째, 패턴의 발견이다. 별과 바위 그리고 꽃은 모두 원자로 구성되어 있다. 우주와 우주 속 모든 현상에는 시작의 순간인 기원이 존재하는데, 과거로 올라갈수록 시간과 공간의 폭이 좁아져 자연현상에서 패턴을 발견할 가능성이 커진다.

기원의 추적을 원자에 적용해보자. 원자에 대해 구체적으로 알아가는 과정은 우주를 이해하는 지름길이다. 가장 단순한 원자는 수소 원자인데, 수소 원자는 양성자와 전자로 구성된다. 양성자는 수소 양이온 H+, 다시 말해 수소 원자핵 proton, p를 일컫는다. 우주의 거의 모든 현상에는 양성자가 등장한다. 그래서 별, 구름, 꽃 등 모든 사물에서 양성자를 찾아내면 자연의 구성 원리를 알아낼 수 있다. 자연현상에서는 원자보다 이온과 동위원소가 중요하다. 이온은 전하를 갖는 원자이며, 동위원소는 원자핵의 중성자 개수가 다른 원자다.

이온과 동위원소의 핵심을 요약하면 다음과 같다.

원자 = 전자 + 원자핵

원자핵 = 중성자 + 양성자

동위원소: 중성자의 개수만 다른 원소

수소 동위원소 = 양성자 1 + 중성자 0

중수소 = 양성자 1 + 중성자 1

삼중수소 = 양성자 1 + 중성자 2

이온: 원자에서 전자의 개수가 양성자의 개수와 다른 상태

전자가 양성자보다 많으면: 음이온

전자가 양성자보다 적으면: 양이온

별과 지구와 사람이 원자로 구성되었다는 말은 엄밀하지 않은 표현이다. 별의 질량은 대부분 양성자가 차지하고, 지구에서는 맨틀을 구성하는 분자들이 핵심이다. 세포에서는 원자가 아니라 양성자, 전자, 이온이 생화학 작용을 한다. 지구과학에서는 동위원소가 중요한 반면, 생물학에서는 전하를 띤 이온들의 산화-환원 반응이 핵심이다. 지구과학에서는 탄소, 산소, 우라늄의 동위원소가 특히 중요하다. 탄소의 방사성 동위원소인 탄소-14(^{14}C)는 반감기가 5730년인데, 고고학 유물의 연대를 정확히 알려준다. 산소의 방사성 동위원소인 산소-18(^{18}O)은 빙하의 나이를 알려주어 기후학과 해양학에서 중요하다. 우라늄의 방사성 동위원소 우라늄-235(^{235}U)와 우라늄-238(^{238}U)은 암석의 나이를 측정하는 데 도움이 된다.

별과 태양은 수소 원자로 시작된다. 수소 원자만 알면 모두 알 수 있다. 수소 원자는 양성자와 전자로 구성되는데, 전하를 갖는 양성자와 전자가 가속운동을 하면 광자를 방출한다. 별은 70퍼센트 이상이 수소이며, 별이 핵융합해 약 90가지 원소를 만든다. 별, 지구, 생물은 모두 전자, 양성자, 광자의 상호작용에서 생겨난다.

별과 지구에서는 베타붕괴와 동위원소가 중요한데, 식물과 동물의 호흡, 광합성도 모두 전자의 이동 과정이다. 별, 지구, 생명, 식물, 동물을 포함하

빅뱅 후 38만 년까지의 초기 우주는 세 가지 다른 방식으로 표현될 수 있다. 빅뱅에서 플랑크 시간이 지나 중력이 독립된 힘으로 분리되어 중력자 G가 팽창하는 우주 속으로 나아간다. 빅뱅에서 100만분의 1초가 지나면 쿼크가 결합하여 중성자와 양성자가 등장한다. 플랑크 시간에서 양성자가 생성되기 이전 시간에는 쿼크, 광자, 전자, W, Z입자가 존재한다. 빅뱅 후 38만 년이 경과하면 전자가 양성자에 구속되어 수소 원자가 출현하고, 전자와 충돌하던 광자가 자유롭게 팽창하는 우주 속으로 광속으로 진행하여 우주배경복사가 된다.

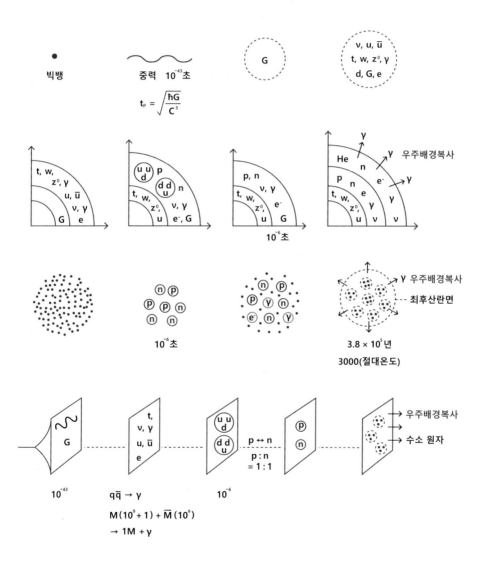

여 우주의 모든 존재는 전자, 양성자, 광자의 중첩 현상이 빚어낸 결과라고 할 수 있다.

별에서 지구의 생명 현상까지, 모든 것에서 핵심은 수소 원자다. 양성자가 하나씩 증가함에 따라 주기율표가 만들어지는데, 수소 원자만 알면 모두 알 수 있다.

수소 원자 = 전자 1 + 양성자 1

헬륨 원자 = 전자 2 + 양성자 2 + 중성자 2

이 지식을 확장하면 주기율표의 118개 원소가 생겨난다. 중성자와 양성자는 베타붕괴를 거쳐 서로 변환되므로 중성자는 일단 양성자와 같다고 생각하자.

양성자와 중성자의 변환 과정이 바로 베타붕괴이며, 별의 핵융합에서는 베타붕괴가 핵심이다. 베타붕괴는 +베타붕괴와 −베타붕괴 두 가지 반응으로 나뉘는데, 아래에 핵 변환 과정을 정리했다.

−베타붕괴: 중성자 → 양성자 + 전자 + 반중성미자

+베타붕괴: 양성자 → 중성자 + 반전자 + 중성미자

꽃 피고 바람 불고 생각하는 모든 현상은 원자, 동위원소, 이온의 작용이다. 물리학자의 별을 만나고 난 뒤에야 진정한 어린 왕자의 별을 만날 수 있다. 논리와 느낌은 세계를 보는 2개의 창이다. 양자역학과 상대성이론으로 물질과 시공의 구조를 물리 법칙으로 이해하면 자연의 아름다움을 더 깊이 알게 된다. 자연현상은 구조와 논리 그 자체로 아름답다. 그래서 논리

노란색은 알칼리 금속 원소와 알칼리 토금속이고, 청색은 전이 금속, 보라색은 희토류 원소다. 갈색에는 금속, 반도체, 비금속 원소가 존재한다.

족

주기	1	2	3	4	5	6	7	8	9	10	11	12	13	14	15	16	17	18
1	H (1s)																	He (1s)
2	Li (2s)	Be											B	C	N	O	F	Ne (2p)
3	Na (3s)	Mg											Al	Si	P	S	Cl	Ar (3p)
4	K (4s)	Ca	Sc	Ti	V	Cr	Mn	Fe	Co	Ni	Cu	Zn	Ga	Ge	As	Se	Br	Kr (4p)
5	Rb (5s)	Sr	Y	Zr	Nb	Mo	Tc	Ru	Rh	Pd	Ag	Cd	In	Sn	Sb	Te	I	Xe (5p)
6	Cs (6s)	Ba	La	Hf	Ta	W	Re	Os	Ir	Pt	Au	Hg	Tl	Pb	Bi	Po	At	Rn (6p)
7	Fr (7s)	Ra	Ac (6d)															

(3d / 4d / 5d)

Ce	Pr	Nd	Pm	Sm	Eu	Gd	Tb	Dy	Ho	Er	Tm	Yb	Lu
Th	Pa	U	Np	Pu									

(4f / 5f)

적 훈련이 선행되면 정서적 느낌이 더 긴 여운을 남긴다.

주기율표는 양성자가 하나씩 증가하는 숫자의 배열이다. 양성자가 1개인 수소에서 양성자가 하나씩 추가되어 주기율표가 만들어진다. 그래서 원소의 본질은 양성자의 개수다. 하나씩 증가하는 숫자의 배열은 조화롭게 변화하는 아름다움이다. 가장 완벽한 아름다움은 원자 그 자체다.

주기율표는 118개의 원소를 표현한 순수한 숫자의 배열이다. 양성자 1, 양성자 2, 양성자 3, …, 양성자 118 같은 식이다. 양성자 79개가 모이면 금이 되고, 1개 더 추가하여 80개가 모이면 수은이 된다. 양성자 단 1개의 차이로 고체에서 액체가 되고, 귀금속에서 유독 물질이 된다. 물론 중성자가 포함되어야 원자핵이 되고, 전자가 양성자의 개수만큼 궤도를 돌아야 금 원자와 수은 원자가 되지만, 원소의 구별은 양성자의 개수가 정한다. 그러므로 주기율표에서는 양성자 개수가 핵심이다.

동위원소는 한 종류의 원자에서 중성자의 개수가 달라짐에 따라 질량 차이를 만든다. 원자 질량의 차이는 질량분석기를 통해 매우 정밀하게 측정할 수 있다. 탄소 동위원소의 비를 측정하여 물 분해형 광합성 과정이 밝혀졌다. 빙하와 탄산칼슘 속 산소 동위원소의 비를 측정하여 1억 년 전까지 지구의 과거 온도를 알아냈다. 베타붕괴에 의한 동위원소 생성 과정은 별 속 핵융합과 원자력의 핵분열 과정을 이해하는 데 핵심이다.

동위원소의 생성과 변환 과정인 베타붕괴는 핵변환 과정으로, 전하 보존과 운동량 보존 법칙을 충족해야 한다. 베타붕괴에서 전하 보존을 위해 양전자(반전자)가 방출되고, 운동량 보존을 위해 중성미자가 출현하며, 에너지 보존을 위해 광자가 생겨난다. 별을 구성하는 원소들의 핵변환 과정에서 많은 동위원소가 생성되고, 이러한 동위원소 변화에서 광자와 전자가 출현하여 전하 보존과 운동량 보존 법칙을 충족하게 해준다.

이처럼 자연현상의 바탕에는 예외 없이 전자, 양성자, 광자가 등장한다. 결국 자연현상은 전자, 양성자, 광자의 상호작용일 뿐이다. 양성자와 중성자는 상호 변환된다. 전자, 광자, 양성자가 빚어내는 상호작용의 중첩으로 별과 행성이 탄생했고, 지구에서 광물과 생물이 공진화했다. 광물이 분해되어 토양이 되고, 토양에서 식물이 자라고, 식물의 광합성으로 지구 표층이 생명의 융단으로 덮이는 과정이 모두 전자, 양성자, 광자 상호작용의 한 예일 뿐이다. 빅뱅에서 인간의 상상까지 그 모든 바탕에는 이 세 입자의 상호작용이 있다. 우주의 거시 구조를 지배하는 중력을 제외한다면, 자연현상은 우주의 기본 입자인 전자, 양성자, 광자의 중첩된 상호작용의 결과일 뿐이다.

양성자는 빅뱅 후 100만분의 1초가 지나서 출현했다. 양성자, 전자, 광자는 우주의 전부였다. 중력과 약한 상호작용에 관여하는 중력자와 중성미자는 우주 전체에서는 중요하지만 생명 현상에는 양성자, 전자, 광자로 충분하다. 빅뱅 후 38만 년이 지나 전자가 양성자에 구속되면서 수소 원자가 생성되었다. 그 후 우주는 수소 원자가 중력 수축으로 모여들어 별과 은하를 만드는 대하 드라마를 연출했다.

수소 원자가 중력 수축으로 모여들어 원시 별 중심 영역의 온도와 압력이 높아졌다. 그로 인해 4개의 양성자가 핵융합해 1개의 헬륨 원자핵이 생성되었다. 헬륨 원자핵은 양성자 2개와 중성자 2개가 강한 핵력으로 결합하여 하나의 입자처럼 작용하기 때문에 알파입자라 한다. 별의 질량에서 수소는 70퍼센트, 헬륨은 25퍼센트를 차지한다. 즉 별은 수소와 헬륨의 거대한 가스 덩어리라고 할 수 있다. 이러한 별 속의 물질 상태를 플라스마라 한다. 지구라는 행성에서 물질은 기체, 액체, 고체로 구별되지만 별을 구성하는 원소들은 대부분 플라스마 상태에 있다. 별의 밝게 빛나는 에너

빅뱅에서 최초의 별이 만들어지고, 별의 핵융합으로 원소들이 생겨나고, 그 중심부가 철이 된다. 중심부가 철이 되면 핵융합은 중단되고 별이 폭발하여 초신성이 된다.

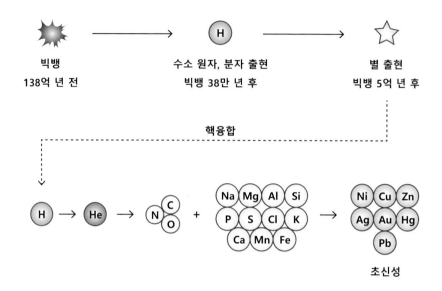

지는 별 중심부에서 수소 혹은 헬륨이 핵융합하는 과정에서 사라지는 질량이 에너지로 전환되면서 생겨난다.

별을 이해하려면 수소, 헬륨, 중력 수축, 핵융합 과정을 알아야 한다. 중력 수축에는 뉴턴의 만유인력 공식이 적용되는데, 이에 따르면 중력은 질량과 질량 사이의 거리의 제곱에 반비례한다. 핵융합에는 베타붕괴가 핵심인데, 베타붕괴는 양성자와 중성자의 변환 과정이다.

핵융합에는 전자, 양성자, 광자가 모두 등장하는 반면, 만유인력에서는 상호작용하는 두 입자의 질량이 핵심이다. 우주를 구성하는 기본 입자인 질량, 전하, 스핀과 우주의 네 가지 힘에 대한 개념이 명확해지면 물리학의 핵심에 접근할 수 있다. 지금까지 언급한 용어나 이야기가 처음에는 생소하고 어렵게 느껴질 수 있다. 어려운 것이 아니라 익숙하지 않을 뿐이다. 새로운 용어나 개념은 반복해서 읽고 쓰면 점차 쉬워진다. 기초가 단단해지면 지식에 가속도가 붙는다.

3 원자의 결합과 물질

      원자들은 서로 결합한다. 원자들이 결합하려면 서로 당기는 힘이 있어야 하는데, 이 힘에는 우주의 네 가지 힘인 중력, 전자기력, 강력, 약력이 모두 관여한다. 그중 물질 구성에서 가장 중요한 힘은 전자기력이다. 그래서 원자들의 결합은 전자기력으로 생각할 수 있다. 원자들이 전자기력으로 서로 당겨서 결합하는 방식에는 금속결합, 이온결합, 공유결합이 있다. 원자들의 이 세 가지 결합은 주기율표 118가지 원소가 금속과 비금속으로 구분됨을 기억하면 쉽게 알 수 있다. 금속결합은 금속 원소끼리의 결합이고, 이온결합은 금속과 비금속의 결합이며, 공유결합은 비금속끼리의 결합이다. 원자들이 서로 결합함으로써 별, 지구, 생명이 되고, 거시적인 물리 세계가 출현한다. 원자가 결합하여 3차원 구조인 분자들을 만든다. 즉 자연현상이란 원자와 분자들의 배열이 변환되는 과정이다.

  금속결합은 금속 원자들이 자유전자를 방출하면서 생성된다. 금속을 구성하는 수많은 금속 원자들에서 각각 1개씩 자유전자가 방출되고, 이 자유전자 분포가 형성하는 전하 구름과 금속 원자들이 상호작용하여 금속이라는 결정 상태의 물질이 형성되는 것이다. 자유전자는 원자핵의 양전하에 구속되지 않아 자유롭게 운동하는 전자다. 구리의 경우 29개의 전자 중에서 1개가 자유전자가 되어 +전하를 갖는 구리 양이온과 상호작용하여 금속 구리를 만든다. 금속의 자유전자는 전기와 열을 전달한다. 금속은 단위 입체 구조가 반복되어 결정 형태가 된 것이다.

원자와 원자의 결합은 이온결합, 공유결합, 금속결합으로 구분되며 공유결합의 특별한 형태가 배위결합이다. 분자 간 인력은 분산력, 수소결합, 쌍극자 사이의 결합으로 나타난다.

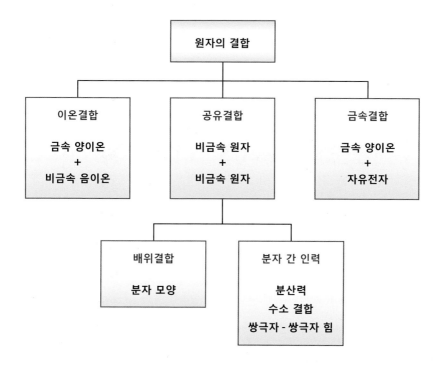

이온결합은 금속과 비금속의 결합이다. 금속은 주로 양이온이 되고 비금속은 음이온이 되어 서로 반대 전하의 인력으로 이온결합이 이루어진다. 광물을 구성하는 결합은 대부분 이온결합이다. 소금 결정도 광물이며 금속 양이온인 나트륨 양이온(Na^+)과 비금속 음이온인 염소이온(Cl^-)이 전기 인력으로 결합하여 소금 결정이 된다.

주기율표의 118가지 원소에는 금속 원소가 가장 많다. 주기율표에서 금속은 알칼리 금속, 알칼리 토금속, 전이금속이 있으며 비금속의 주요 원소에는 탄소, 질소, 산소, 황, 인이 있다. 알칼리 토금속은 대부분 흙에서 발견되었기 때문에 그런 이름이 붙었다. 생명 현상의 6개 핵심 원소는 수소(H), 탄소(C), 질소(N), 산소(O), 황(S), 인(P)이다. 이 원소들이 공유결합한 상태를 분자라 하는데, 분자들은 다양한 생화학 작용을 한다. 수소와 헬륨 원자핵인 양성자와 알파입자는 빅뱅 후 즉시 만들어졌고, 나머지 원소들은 모두 별 속의 핵융합으로 생성되었다. 그래서 천문학자들은 수소와 헬륨을 특별하게 생각한다. 지구에서 발견되는 4500가지 광물 대부분이 이온결합으로 생성된 것들이다. 금속결합과 이온결합은 주로 고체 상태의 단단한 결정을 만든다.

공유결합은 분자를 만든다. 생명 현상은 세포 속 분자들의 작용이다. 산소 분자, 질소 분자가 지구 대기의 대부분을 구성하지만, 인간의 세포 속에는 10만 종류가 넘는 단백질 분자들이 있다. 세포 속 분자들은 극성 물 분자의 작용을 통해 대부분 전하를 갖는 이온 형태를 띤다. 물 분자를 구성하는 산소 원자가 수소보다 전자를 당기는 힘이 더 강해 산소 원자 쪽에 전자가 더 많아진다. 물 분자의 음과 양의 전하 분포가 시간에 따라 변화하여 순간적으로 전하를 갖게 되는데, 이를 극성 분자라 한다. 공유결합은 두 원자가 원자의 외각 전자를 공유해 생성된 결합이다. 비금속 원자들 사이의 공유결합으로 다양한 기체 상태의 분자들이 생성된다.

전자, 양성자, 광자의 상호작용 전체를 이해하면 우주의 현상을 한눈에 볼 수 있다. 이를 정리하면 다음과 같다.

전자와 전자의 상호작용: 전자와 전자가 서로 접근하면 광자를 방출하거나 흡수한다. 서로를 향해 접근하는 두 전자에서 한 전자가 광자를 방출하두 원자 사이에 위치하는 공유전자 쌍의 위치에 따라 공유결합과 이온결합의 정도가 결정된다.

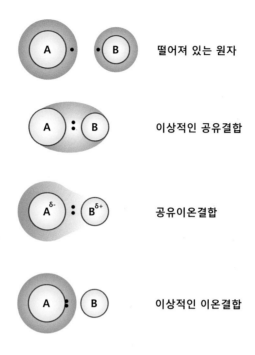

떨어져 있는 원자

이상적인 공유결합

공유이온결합

이상적인 이온결합

면 그 전자는 운동량 변화로 인해 진행 방향이 변화한다. 운동량은 질량에 속도를 곱한 벡터양이므로 운동량이 변화하면 입자의 진행 방향이 바뀐다. 광자를 흡수한 전자도 마찬가지로 운동 방향이 바뀌어 두 전자가 서로 더 멀어지는 방향으로 진행한다. 광자의 운동량을 주고받는 과정에서 서로 접근하는 두 전자 사이에 반발력이 생긴다.

광자와 광자의 상호작용: 빛에는 파동과 입자의 특성이 모두 존재한다. 빛의 입자적 특징인 광자를 파동으로 생각해보자. 광자끼리 결 맞게 중첩되면 파동의 진폭이 커지고, 결이 다르게 중첩되면 파동이 소멸되기도 한다.

레이저는 광자들의 파동을 결 맞게 중첩시켜 강한 빛 에너지를 만들어내는 것이다.

양성자와 양성자의 상호작용: 별과 별 사이의 성간 가스들이 중력으로 수축하여 온도와 압력이 높아지면 가스 속 수소 원자들의 전자가 자유전자가 되어 양성자와 전자가 분리된 플라스마 상태가 된다. 초기 별을 만드는 플라스마의 온도가 1000만 도 정도의 고온이 되면, 양성자들의 속도가 빨라져서 양성자와 양성자가 서로 밀어내는 반발력을 극복해 서로 결합하는 핵융합 반응이 일어난다. 양성자 4개가 헬륨 원자핵 1개로 전환되는 핵융합 과정에서는 질량 손실이 생긴다. 이때 사라지는 질량이 모두 에너지로 바뀌어 태양이 45억 년 이상 빛을 내는 것이다. 태양이 핵융합하지 않고 중력 수축으로 생성되는 에너지로만 빛을 낸다면 수천만 년 정도만 에너지를 공급할 뿐이다. 중력 수축으로 생성되는 위치에너지의 반은 열이 되고 반은 빛이 된다는 이론이 비리얼 정리 Virial Theorem 이다.

전자, 광자, 양성자만으로 우주 모든 현상을 이해하려면 먼저 전자, 광자, 양성자의 상호작용을 알아야 한다. 꽃이 피고 새가 날고 바람 부는 모든 현상을 몇 단계로 살펴보면 전자, 광자, 양성자로 설명할 수 있다. 꽃이 피려면 햇빛, 물, 토양이 필요한데, 햇빛은 광자의 다발이고 물은 수소와 산소의 결합이고 토양은 물, 광물, 공기로 만들어진다. 한 단계 더 분해하면 수소는 전자와 양성자 각 1개, 산소는 전자 8개, 양성자 8개, 중성자 8개로 구성된다. 양성자와 중성자는 서로 변환이 가능한데 양성자가 중성자로 바뀌는 베타붕괴에서 반전자와 중성미자가 방출된다. 전자, 양성자, 광자의 상호작용에 관한 핵심 내용에 익숙해지면 자연현상을 보는 관점이 달라진다.

4   분자라는 드문 형태

우주에서 가장 흔한 물질 상태는 플라스마다. 별은 대부분 플라스마 상태다. 지구에서는 물질이 기체, 액체, 고체로 존재하며, 이 중 고체는 결정과 비결정으로 구분된다. 플라스마는 별 속의 높은 온도로 인해 전자가 원자핵에서 벗어나 모두 자유전자가 된 상태. 별의 질량은 대부분 수소 원자핵인 양성자와 헬륨 원자핵인 알파입자로 구성된다. 별에서 전자는 원자핵의 구속을 받지 않는 자유로운 자유전자 상태에 있는데, 적색거성 외곽에서 온도가 3000도 이하가 되면 전자가 원자핵과 결합하여 원자 형태로 존재할 수 있다.

별 중심의 핵융합 과정에서 생성된 빛과 열은 복사와 대류 작용으로 인해 별의 표층으로 빠르게 전달된다. 중성자는 양성자보다 질량이 조금 더 커서 진공에서 약 15분 이내로 베타붕괴해 양성자, 전자, 반중성미자로 붕괴된다. 양성자는 3개의 쿼크로 이루어진 중입자에서 가장 가벼운 입자이므로 진공에서 다른 입자로 바뀌지 않는다. 적색거성처럼 태양보다 수만 배 큰 별의 외곽은 온도가 3000도보다 낮아지므로 일산화탄소, 산화규소 같은 간단한 분자가 존재할 수 있다.

분자가 원자로 분해되지 않고 중력으로 모이거나 뭉치면 거대한 분자 구름을 형성한다. 우리 은하 내부에서도 거대한 분자 구름이 수천 개 이상 발견되고 있는데, 이곳에서 별들이 약 수천 개씩 무리 지어 탄생한다. 거대분자구름은 초기에는 약 영하 200도로 온도가 매우 낮아, 분자들이 열운동을 거의 하지 않기 때문에 중력으로 모여들 수 있다. 지구 표면의 평균 온도는 15도 정도로, 물질이 분자 상태로 존재할 수 있다. 10만 종류 이상의 분자가 조그마한 인지질 막 속에서 맹렬히 상호작용하는 상태가 바로 세포다. 세포는 지구를 제외하고 어떤 곳에서도 아직 발견되지 않았다. 세포와 생명체는 우주에서 예외적으로 매우 다양한 분자가 고밀도로 존재하는 곳이다.

5   원자의 작용은 전자의 작용

원자는 원자핵과 전자로 구성된다. 원자핵은 전자 질량의 2000배나 되는 중성자와 양성자가 핵력으로 결합한 상태이다. 가벼운 전자는 무거운 원자핵 주변에 구름처럼 분포한다. 양자역학에서 전자는 공간 좌표의 확률분포 함수로 표현되기 때문에 원자핵 주위 공간에 전자가 존재할 확률을 계산할 수 있다. 전자가 존재할 확률이 시간에 따라 변화하여 전자가 원자핵 둘레를 원운동한다고 해석할 수도 있다. 원자핵은 거의 움직이지 않고 전자가 원자 사이로 이동하여 원자들이 결합한다.

수소 원자는 전자가 1개, 탄소는 전자가 6개, 우라늄 원자는 전자가 92개다. 탄소 원자의 전자는 원자핵에 가까운 안쪽 궤도인 1s 궤도에 존재하는 전자 2개가 원자핵과 강하게 결합하기 때문에 다른 원자와 상호작용하지 않는다. 탄소 원자의 바깥쪽 궤도는 2s 2개, 2p 2개이므로 외각 전자는 4개다. 이러한 외각 전자들은 원자핵의 정전기적 구속력이 약해서 다른 원자들과 결합하는 전자인 원자가 전자原子價 電子, valence electron가 된다. 원자와 원자가 공유결합해 분자를 형성하는 데 기여하는 전자는 외각의 원자가 전자들이다. 공유결합의 세기는 전자 분포 함수가 중첩될수록 더 강해진다.

수소 원자핵은 중성자가 없고 양성자가 1개뿐이다. 우주에서 별은 대부분 수소로 되어 있다. 우주에서 압도적으로 많은 원소가 바로 수소다. 지구에서 수소는 산소와 결합하여 물 분자가 되거나 탄소와 결합하여 수백만 종류 이상의 다양한 탄화수소 분자를 만든다. 석유와 세포막의 지질은 모두 탄화수소다. 수소 원자핵인 양성자를 방출할 가능성이 높은 물질을 산성 물질이라 한다. 감귤과 식초에서는 양성자가 많이 방출되어 신맛이 나는데, 양성자 농도에 상용로그를 취한 값을 pH라 한다.

pH 값이 낮으면 강산이 된다. 위산은 양성자 농도가 높아서 pH가 약 2(1.5~3.5)인 강산이다. 양성자를 방출하는 물질이 많아지면 주변 환경이 산성화된다. 해양 산성화, 토양 산성화, 인체 산성화 모두 양성자 농도가 높아져서 생물이 생존하기 힘든 환경으로 바뀌는 현상이다. 다양한 현상의 배후에 일관된 하나의 원리가 작동하는 과학은 자연현상을 통합적으로 설명해준다. 원자로 구성되는 물질의 특성은 주기율표의 원자 배치에 잘 드러난다.

주기율표는 원소들을 양성자의 숫자순으로 질서 있게 배치한 것이다. 양성자가 1개인 수소 원자에서 양성자를 1개씩 더해가면 주기율표의 모든 원소가 생겨난다. 단 1개씩의 양성자만 추가하자. 기억하자, 양성자는 모두 동일하다. 1개의 양성자는 또 하나의 다른 양성자와 완전히 같다. 전자도 그렇다. 그래서 같은 상태에 있는 2개의 전자는 구별되지 않는다. 완벽하게 동일한 전자와 양성자가 세계의 무한한 다양성을 만든다. 같음에서 출발해 다름을 생성한다. 그 다름은 겉보기 혹은 드러난 현상에서의 다름일 뿐 본질은 모두 같다. 동일한 원자의 다양한 배열 패턴이 존재할 뿐이다. 자연현상은 전자, 양성자, 광자가 빚어내는 다양한 상호작용의 패턴일 뿐이다.

원자핵은 양성자와 중성자가 핵력으로 결합한 상태다. 핵력 혹은 원자력은 양성자들이 핵 크기보다 작은 거리로 거의 닿을 듯이 접근해야만 작동하는 힘이다. 양성자가 다른 입자로 붕괴되는 평균 시간인 양성자의 수명은 아직 측정되지 않았지만, 최소한 우주의 나이인 138억 년보다 수명이 훨씬 길거나 거의 무한대일 것으로 추정된다. 그래서 양성자는 전자와 함께 안정된 원자를 만들어서 꽃, 바위, 별을 만든다.

양성자의 구성 요소는 쿼크quark다. 쿼크는 3세대가 존재하는데, (u, d), (c, s), (t, b)로 표현한다. 1세대 쿼크는 업up과 다운down이며, 2세대 쿼크는 참charm과 스트레인지strange이고, 3세대 쿼크는 탑top과 바텀bottom이다. 자연에서 존재하는 쿼크가 3개의 세대로 구분되는 근본 이유는 아직 밝혀지지 않았지만, 이것이 소립자의 고유한 특성이다. 2세대와 3세대 쿼크는 입자가속기 속에서 생성되는 즉시 찰나적으로 존재했다가 곧 에너지가 낮은 다른 입자로 붕괴한다. 그래서 항상 존재하는 자연의 물질들은 모두 1세대 쿼크인 업쿼크(u)와 다운쿼크(d)로 구성된다. 그리고 모든 소립자에는 반입자가 존재하므로 물질 구성 쿼크는 반업쿼크anti up-quark와 반다운쿼크anti down-quark를 포함한 네 가지 쿼크다.

무거운 입자인 중입자는 하드론hadron과 메손meson으로 구분되는데, 하드론은 3개의 쿼크가 결합된 상태다. 양성자는 3개의 쿼크(uud)가 강한 상호작용으로 결합한 하드론이고, 중성자는 3개의 쿼크(udd)가 결합한 하드론이다. 메손은 쿼크와 반쿼크가 결합하여 만들어진 전기 중성의 입자다. 쿼크를 결합하는 입자를 글루온gluon이라 하는데, 8개의 글루온은 색깔로 구별한다. 글루온에 의해 쿼크가 결합하는 과정을 양자색역학quantum chromodynamics이라 하는데, 이 이론으로 강한 상호작용을 설명할 수 있다. 전자와 광자는 그 자체로 더 이상 구성 요소가 없는 소립자이지만 양성자는 쿼크라는 소립자로 구성된 강입자다. 자연현상을 설명하려면 쿼크보다 양성자에서 시작하는 것이 좋다. 파란 하늘, 아지랑이, 잔잔한 호수는 모두 전자, 양성자, 광자의 다양한 상호작용이 빚어낸 거대한 집합체다.

진공 속에서 광자는 광속인 초속 30만 킬로미터(정확히는 초속 299,792,458미터)로 달린다. 움직이는 광자는 운동에너지 그 자체다. 광자의 정지 질량은

0이므로 진공 속에서 정지한 단 1개의 광자 상태는 존재하지 않는다. 광자는 생겼다 사라질 수 있지만 생겨나는 순간 광속으로 달린다. 광자가 일정한 속도로 멈춤 없이 달리는 이유는 등속 직선 운동에 소요되는 에너지가 0이기 때문이다.

광자는 운동 방향을 바꿀 때만 에너지가 필요하다. 같은 방향으로 같은 속도로 달리면 에너지가 전혀 소모되지 않기 때문에 장애물만 없으면 영원히 달릴 수 있다. 광자가 생성되는 데는 에너지 변환 과정이 필요하지만, 생성된 광자는 광속으로 움직이는 운동에너지 그 자체다. 진공 속에서 움직이지 않는 광자는 운동에너지가 0이 되어 그 존재가 사라진다. 그래서 광자의 정지 질량 값은 0이다. 광속으로 움직이는 광자가 바로 전자기파인데, 줄여서 전파라 한다. 전자기파는 파동이므로 진폭과 진동수로 에너지 정도를 알 수 있다.

광자의 진동수 v와 광자의 에너지 E의 관계가 바로 E=hv인데, 여기서 h는 플랑크 상수다. 플랑크 상수가 수식에 등장하면 그 현상은 모두 미시 세계의 양자역학으로 기술된다. 그래서 빛의 본질도 양자역학에 의해 비로소 밝혀졌다. 광자는 물질 속에서 달리면 속도가 느려진다. 반도체와 기체 속에서는 증폭되어 레이저가 된다. 인간의 망막세포에 흡수되면 전압 펄스로 바뀌어 대뇌피질 신경세포의 작용을 받아 우리로 하여금 세계를 볼 수 있게 해준다. 우주 대부분은 진공이다. 진공 속을 달리는 광자에서는 시간의 흐름이 멈춘다. 광속도가 되면 빛이 진행하는 공간은 수축해 사라진다. 광자의 속도가 광속이 되는 순간 우리가 광자의 시계를 본다면 그 시계는 정지해 있다. 광속으로 달리면 진행 방향의 공간이 사라지고 시계는 멈춘다. 광자의 반짝이고 사라짐은 시공의 사건 그 자체다. 빛은 움직이는 에너지 덩어리 그 자체이고, 정지하는 순간 그 존재는 사라진다.

광자의 생성과 소멸이라는 드라마가 펼쳐지는 무대가 바로 식물 잎 속 엽록소다. 빛 입자의 운동에너지가 포도당 분자를 생성하는 과정이 바로 광합성이다. 초록색 잎을 쓰다듬는 빛 알갱이의 눈부신 움직임으로 지구 표면에서 생명의 물결이 매 순간 만들어진다. 빛의 깜박임을 4차원 시공에서 사건event라 하는데, 사건과 사건 사이의 간격interval을 계산하면 시공의 곡률을 알 수 있다. 일반상대성 이론의 중력장 방정식으로 4차원 시공에서 사건들 사이의 간격을 계산할 수 있다. 우주 속 모든 입자는 시공의 곡률을 따라 움직인다.

6   전자, 물질을 구성하는 가장 가벼운 입자

진공 속에 정지된 하나의 전자를 상상하기는 어려운 일이다. 전자는 베타붕괴 과정에서 생성되며 가속운동 중인 전자는 광자를 방출한다. 양과 음의 전기량을 전하charge라 하는데, 전하를 갖는 입자가 가속운동을 하면 항상 전자기파를 방출한다. 광자는 에너지 변환 과정에서 생성되어 원자에서 방출되거나 원자로 흡수되어 소멸한다. 전자는 원자핵에 구속되어 원자의 구성 성분으로 존재하거나 원자핵의 정전기력에서 벗어나 자유전자 형태로 존재한다. 전자가 원자핵을 구성하는 양성자의 구속력에서 벗어나는 데 필요한 에너지가 바로 이온화 에너지다.

이온화 에너지는 원자핵의 양성자와 전자 궤도에 따라 달라진다. 양성자 1개인 수소 원자의 이온화 에너지는 -13.6eV(전자볼트)이다. 이온화 에너지의 음의 부호는 그 양만큼 +에너지를 공급해야만 전자를 구속하는 위치에너지가 0이 되어 비로소 자유전자가 됨을 의미한다. 전자가 원자핵에서 벗어나 자유전자가 되는 과정에서 에너지가 필요하고, 자유전자는 그 에너지로 구속을 벗어나 진공 속에서 자유롭게 이동한다. 금속 원자에 높은 주파수의 빛을 비추면 금속 원자를 구성하는 전자는 자유전자가 되어 방출된다.

이때 방출되는 자유전자의 이동 속도는 빛의 주파수에 비례한다. 금속 표면에서 빛에 의해 전자가 방출되는 이 현상이 광전효과Photoelectric Effect이며, 아인슈타인도 광전효과 연구로 노벨상을 받았다. 광전효과를 정밀하게 측정하면 플랑크 상수의 값을 구할 수 있다. 금속 표면에서 방출하는 전자의 속도는 물질에 따라 다르다. 백열전구의 텅스텐 필라멘트에 전류가 흘러 열이 나면 텅스텐 원자의 전자들이 열을 받아 열운동을 한다. 열운동하는 전자의 속도가 높아지면 텅스텐 원자핵 71개의 양성자가 전자를 끌어당기는 정전기력을 이겨내 드디어 전자가 원자핵의 구속에서 벗어나 자유전자가 되어 전구 속으로 방출된다.

1900년대 초 영국의 조지프 톰슨Joseph Thomson은 유리 진공관 속의 필라멘트에서 방출되는 입자를 연구하여 전자를 발견했다. 자유전자는 원자와 원자 사이로 이동할 수 있다. 알루미늄 금속 막대기 속에서 가속운동하는 전자는 전파를 만들고, 반도체 속에서 이동하는 전자는 반도체 소자를 만든다. 원자에 구속된 전자는 원자핵에서 멀어질수록 핵의 구속력이 약해지며, 원자와 원자 사이에 존재하는 전자들이 두 원자 모두에게 소속되면서 공유결합을 형성한다. 자유전자와 원자핵에 구속된 전자의 구분은 물질의 전기적 특성을 이해하는 데 중요하다.

7   전자의 흐름과 호흡

물질을 구성하는 소립자는 쿼크와 경입자lepton로 구분된다. 경입자에는 전자, 중성미자neutrino, 타우Tau 입자가 있다. 중성미자에는 전자 중성미자, 뮤온 중성미자, 타우 중성미자의 세 가지 종류가 있는데, 모든 중성미자는 전하량이 0이다. 전자 중성미자는 전자보다 질량이 작다. 그래서 전하를 갖는 질량이 가장 작은 소립자는 바로 전자다. 전하는 소립자 고유의 물리량이다.

우주의 모든 소립자는 전하량, 질량, 스핀의 세 가지 속성으로 구별된다. 스핀은 양자적 각운동량이다. 전자를 비롯한 모든 전하를 갖는 입자가 가속운동을 하면 광자를 방출한다. 가속운동을 하기 위해서는 에너지가 필요하다. 등속운동은 에너지가 필요 없지만 등속운동에서 운동의 방향을 바꾸는 순간에는 에너지가 필요하다. 등속운동하는 입자가 에너지를 흡수하거나 방출하면 운동 방향이 바뀐다.

전자가 운동 방향을 바꾸면 그 순간마다 광자라는 형태로 에너지를 방출한다. 방출되는 광자의 에너지는 방향이 바뀌는 정도에 비례하고, 이에 따라 다양한 진동수의 광자가 방출된다. 전자의 운동 방향 혹은 운동 속도가 매 순간 바뀌는 가속운동을 하게 되면 다양한 주파수로 진동하는 전자기파를 방출한다. 즉 가속운동하는 전자는 전파를 방출한다. 방송국의 알루미늄 금속 막대 속으로 교류 전류가 흘러가면 방송파가 생성되어 공기 중으로 전파된다. 교류 전류는 속도가 주기적으로 변화하는 전자의 흐름이다. 금속 도체 속에서 가속되는 전자는 전파를 생성하고 세포 속 미토콘드리아 막에서 단백질 사이를 이동하는 자유전자는 생체 에너지인 아데노신3포스파이트Adenosine Three Phosphite, 즉 ATP를 생성한다. 미토콘드리아 내막에 삽입된 호흡효소를 통한 전자의 흐름이 생체 에너지를 만드는 과정이 바로 호흡이다.

금속에서 전자의 가속운동이 전파를 생성하고, 반도체 결정 속 전자의 제어된 이동에서 인공지능이 출현하고, 세포막과 세포질 속의 단백질을 통해 제어된 전자의 움직임이 생명 현상을 만든다. 진공 속에서 전자의 이동은 매우 느려서, 전자와 분자들의 상호작용 속도가 느려진다. 생명 현상이 일어나려면 분자들 사이에서 빠른 상호작용이 일어나야 한다. 세포라는 좁은 공간 속에서 10만 종류 이상의 분자가 서로 접근하면서 전자를 주고받는 현상이 생화학 작용이다.

생명 현상에서 물이 필수적인 이유는 물이 극성 용매이기 때문이다. 극성 분자인 물은 물속의 다양한 분자들에 작용한다. 물은 분자들에서 전자를 분리하거나 결합하는데, 그 과정에서 세포 내에 많은 이온들이 생겨난다. 그래서 세포 속의 분자들은 물의 극성 작용으로 인해 전자가 많거나 부족한 이온 상태가 되어 전자기 상호작용을 하게 된다. 기체 상태에서 전자의 이동은 쉽지 않다. 따라서 지상과 구름 사이에 고전압이 생성되면 번개를 통해 대규모로 전자가 이동한다.

생체 분자에서 전자는 세포 속 미토콘드리아 내막에서 삽입된 호흡효소 단백질 사이로 이동하는데, 이때 전자를 실어나르는 퀴논quinone, 유비퀴논ubiquinone, 시토크롬cytochrome이라는 특별한 분자들이 존재한다. 번개나 마찰에서 발생하는 전자의 이동은 전압이 높기 때문에 제어되지 않고 폭발적으로 발생한다. 반면에 세포 속 전자는 작은 분자나 고분자인 단백질에 의해 적절한 속도로 순차적으로 제어되어 이동한다. 즉, 생명 현상은 제어된 전자의 흐름이다. 어떤 분자가 전자를 획득하면 환원되었다고 하고, 전자를 잃어버리면 산화되었다고 한다. 세포가 하는 호흡은 액체 속 제어된 전자의 흐름이고, 전파는 금속을 통해 가속된 전자가 방출하는 광자의 다발이다. 반도체 소자와 전파 그리고 생명 현상은 전자의 제어된 이동 현상이다.

극성 용매는 물 분자처럼 전하 분포가 매 순간 바뀌어 주변 분자의 원자 배열을 바꾼다. 극성 분자인 물은 다양한 물질을 녹인다. 즉, 분자들이 물에 녹는 과정에서 물 분자에 의해 전자가 떼어내지거나 분자에 전자가 결합해 세포 내에 많은 이온이 생성된다. 이와 같은 물의 극성 작용으로 세포 속의 분자들은 대부분 전자가 많거나 부족한 이온 상태가 되어 전자기 상호작용을 하게 된다. 세포 속의 분자들은 주로 탄소 원자가 3개에서 20개 정도 사슬처럼 연결되며, 각각의 탄소에 산소와 질소, 탄소 원자가 공유 결합한 형태다. 탄소와 산소, 탄소와 질소 사이 공유결합의 전자들이 이동하는 현상이 생화학의 핵심이다.

물의 극성 용매 작용 덕에 세포 속에서 분자들 사이의 전자 이동은 매우 활발하지만, 기체 상태에서 전자의 이동은 쉽지 않다. 지표면의 물체와 구름 사이에 고전압이 생성되면 번개를 통해 대규모로 전자가 이동한다. 세포 속 액체 상태에서는 주로 지질, 탄수화물, 단백질 분자를 통해 제어된 전자의 이동이 일어난다. 생체 분자에서 전자의 이동은 양성자의 이동과 동반하여 발생한다. 세포 속에서는 미토콘드리아 내막에 삽입된 호흡효소 단백질 사이로 전자가 이동하는데, 이때 전자의 이동에 동반하여 양성자가 미토콘드리아 내막에서 내막과 외막 사이의 막간 공간으로 이동한다. 미토콘드리아 막간 공간으로 이동한 양성자의 농도가 높아지면 양성자가 다시 ATP 합성효소를 통해 내막 안으로 확산되어 이동하는 과정에서 ATP 분자가 합성된다.

번개와 정전기 방전같이 제어되지 않은 전자 이동과 달리 세포 안에서 전자는 작은 생체 분자나 고분자인 단백질에 제어되어 순차적으로 적절한 속도로 이동하게 된다. 포도당과 아미노산은 대략 100개 정도의 원자가 결합된 분자이고, 단백질은 수천에서 수만 개의 원자가 결합한 고분자다. 그래서 반복하자면 생명 현상은 분자들 사이의 제어된 전자의 흐름이다. 어떤 분자가 전자를 획득하는 것을 환원이라 하고, 전자를 잃어버리는 것을 산화라고 한다. 세포가 하는 호흡은 액체 속의 제어된 전자의 흐름이고, 전파는 방송국 송전탑의 금속을 통해 가속된 전자가 방출하는 광자의 다발이다. 전하를 갖는 입자가 가속운동하면 광자를 방출하는데, 이 광자가 바로 전파의 본질이다. 전파는 전자기파의 줄임말이고, 전자기파를 양자화하면 바로 광자가 된다. 전파와 생명은 전자의 이동이 만드는 많은 현상 중 하나다.

8   미시세계는 확률의 세계

모든 자연현상의 바탕에는 주기율표의 118가지 원소가 있다. 주기율표 원소들의 전자 배치는 주 양자수, 궤도 각운동 양자수, 자기 양자수, 스핀 양자수의 네 가지 양자수로 완전히 결정된다. 원자핵의 +전하에 의해 위치에너지에 구속된 전자들은 주 양자수, 궤도 양자수, 자기 양자수에 의해 일정한 공간 배치만 허용되고, 스핀 양자수에 의해 1개의 양자 궤도에 스핀 업과 스핀 다운 두 가지 스핀 상태만 가능하다.

파동함수를 구별하는 세 가지 양자수는 0, 1, 2, 3 같은 정수다. 그래서 원자핵에 구속된 전자에게 허용된 배열 상태는 정수로 표현되는 양자수로 규정된다. 주기율표는 양성자의 개수가 1, 2, 3처럼 1개씩 증가하는 단순 순열이다. 수소 원자는 양성자 1개, 헬륨은 양성자 2개, … 우라늄은 양성자 92개. 이렇게 양성자가 하나씩 증가한다는 사실이 주기율표의 핵심이다. 원자는 전하가 중성이므로 증가하는 양성자와 함께 전자 개수도 1개씩 증가한다.

원자의 질량은 대부분 원자핵의 질량이며, 원자핵은 양성자와 중성자로 구성된다. 수소 원자만 원자핵에 양성자뿐이고 중성자는 없다. 중성자는 양성자보다 질량이 조금 더 크며 전하가 중성이다. 그래서 중성자는 원자의 질량에는 큰 영향을 미치지만 전기적 힘에는 관여하지 않는다. 중성자가 관여하는 베타붕괴는 약한 힘, 우주의 네 가지 힘 중에서 약한 상호작용의 결과다. 중성자가 양성자로 변환하는 베타붕괴는 전하 보존 법칙에 따라 −전자를 방출하므로 '−베타붕괴'라 하고, 양성자가 중성자로 변환하는 것은 +전자인 양전자를 방출하기 때문에 '+베타붕괴'라 한다.

전자기력은 중성자와 양성자를 구분하지만, 핵력은 전하에 상관없어 중성자와 양성자에 동등하게 작동한다. 원자핵 둘레에 분포하는 전자의 공간 분포는 수소 원자에 대한 슈뢰딩거 방정식의 파동함수에 나타나 있다. 그 파동함수에는 스핀 양자수를 제외한 전자 궤도에 대한 모든 정보가 포함되어 있다. 양성자의 정전기적 위치에너지에 구속된 전자의 파동함수는 3개의 양자수로 완전하게 표현된다.

원자핵과 전자 사이의 공간은 진공이다. 원자핵은 양성자에 의해 +전하를 가지며, +전하가 진공 속에 존재하면 전하 중심에서 거리의 제곱에 반비례하는 정전기장이 생긴다. 원자핵의 정전기장에 전자가 구속된 상태가 바로 원자다. 전자의 파동함수에는 전자가 원자핵 둘레에 시간과 공간에 따라 변화하는 정도가 모두 포함되어 있다. 수소 원자는 양성자 1개와 전자 1개로 구성된 가장 간단한 원자다. 전하를 갖는 입자 주변의 공간은 위치에 따라 에너지 차이가 생긴다. 양성자 주변의 공간이 에너지를 갖게 되면 이를 위치에너지 혹은 포텐셜 에너지Potential Energy라 한다.

전하에 의해 형성된 위치에너지는 양성자 위치에서 가장 크고, 양성자에서 멀어질수록 거리의 제곱에 반비례해 줄어든다. 양성자 둘레를 회전하는 전자는 회전 운동에 의해 운동에너지를 갖고 그 운동에너지에 따라서 양성자 둘레를 도는 궤도가 정해진다. 둥근 잔 속의 유리 구슬은 잔 속에서 회전하며 원운동을 한다. 둥근 잔의 안쪽 곡면이 바로 위치에너지에 해당하고 구슬의 운동이 전자의 운동에너지가 된다. 회전 속도를 높이면 구슬의 운동에너지가 증가해 둥근 잔에서 튕겨나오는데, 이 상태가 바로 자유전자다.

거시적 세계에서는 위치에너지와 운동에너지가 연속적인 값을 갖지만,

	1	2	3	4	5	6	7	8	9	10	11	12	13	14	15	16	17	18
1	1 H $1s^1$																	2 He $1s^2$
2	3 Li $2s^1$	4 Be $2s^2$											5 B $2s^2 2p^1$	6 C $2s^2 2p^2$	7 N $2s^2 2p^3$	8 O $2s^2 2p^4$	9 F $2s^2 2p^5$	10 Ne $2s^2 2p^6$
3	11 Na $3s^1$	12 Mg $3s^2$											13 Al $3s^2 3p^1$	14 Si $3s^2 3p^2$	15 P $3s^2 3p^3$	16 S $3s^2 3p^4$	17 Cl $3s^2 3p^5$	18 Ar $3s^2 3p^6$
4	19 K $4s^1$	20 Ca $4s^2$	21 Sc $4s^2 3d^1$	22 Ti $4s^2 3d^2$	23 V $4s^2 3d^3$	24 Cr $4s^1 3d^5$	25 Mn $4s^2 3d^5$	26 Fe $4s^2 3d^6$	27 Co $4s^2 3d^7$	28 Ni $4s^2 3d^8$	29 Cu $4s^1 3d^{10}$	30 Zn $4s^2 3d^{10}$	31 Ga $4s^2 3d^{10} 4p^1$	32 Ge $4s^2 3d^{10} 4p^2$	33 As $4s^2 3d^{10} 4p^3$	34 Se $4s^2 3d^{10} 4p^4$	35 Br $4s^2 3d^{10} 4p^5$	36 Kr $4s^2 3d^{10} 4p^6$
5	37 Rb $5s^1$	38 Sr $5s^2$	39 Y $5s^2 4d^1$	40 Zr $5s^2 4d^2$	41 Nb $5s^1 4d^4$	42 Mo $5s^1 4d^5$	43 Tc $5s^2 4d^5$	44 Ru $5s^1 4d^7$	45 Rh $5s^1 4d^8$	46 Pd $4d^{10}$	47 Ag $5s^1 4d^{10}$	48 Cd $5s^2 4d^{10}$	49 In $5s^2 4d^{10} 5p^1$	50 Sn $5s^2 4d^{10} 5p^2$	51 Sb $5s^2 4d^{10} 5p^3$	52 Te $5s^2 4d^{10} 5p^4$	53 I $5s^2 4d^{10} 5p^5$	54 Xe $5s^2 4d^{10} 5p^6$
6	55 Cs $6s^1$	56 Ba $6s^2$	57 La $6s^2 5d^1$	72 Hf $6s^2 4f^{14} 5d^2$	73 Ta $6s^2 4f^{14} 5d^3$	74 W $6s^2 4f^{14} 5d^4$	75 Re $6s^2 4f^{14} 5d^5$	76 Os $6s^2 4f^{14} 5d^6$	77 Ir $6s^2 4f^{14} 5d^7$	78 Pt $6s^1 4f^{14} 5d^9$	79 Au $6s^1 4f^{14} 5d^{10}$	80 Hg $6s^2 4f^{14} 5d^{10}$	81 Tl $6s^2 4f^{14} 5d^{10} 6p^1$	82 Pb $6s^2 4f^{14} 5d^{10} 6p^2$	83 Bi $6s^2 4f^{14} 5d^{10} 6p^3$	84 Po $6s^2 4f^{14} 5d^{10} 6p^4$	85 At $6s^2 4f^{14} 5d^{10} 6p^5$	86 Rn $6s^2 4f^{14} 5d^{10} 6p^6$
7	87 Fr $7s^1$	88 Ra $7s^2$	89 Ac $7s^2 6d^1$															

58 Ce $6s^2 4f^1 5d^1$	59 Pr $6s^2 4f^3$	60 Nd $6s^2 4f^4$	61 Pm $6s^2 4f^5$	62 Sm $6s^2 4f^6$	63 Eu $6s^2 4f^7$	64 Gd $6s^2 4f^7 5d^1$	65 Tb $6s^2 4f^9$	66 Dy $6s^2 4f^{10}$	67 Ho $6s^2 4f^{11}$	68 Er $6s^2 4f^{12}$	69 Tm $6s^2 4f^{13}$	70 Yb $6s^2 4f^{14}$	71 Lu $6s^2 4f^{14} 5d^1$
90 Th $7s^2 6d^2$	91 Pa $7s^2 5f^2 6d^1$	92 U $7s^2 5f^3 6d^1$	93 Np $7s^2 5f^4 6d^1$	94 Pu $7s^2 5f^6$									

26 Fe $4s^2 3d^6$

82 Pb $6s^2 4f^{14} 5d^{10} 6p^2$

92 U $7s^2 5f^3 6d^1$

양성자와 전자의 미시세계에서는 위치에너지와 원운동에너지에 일정한 값만 허용된다. 1900년 이전에는 운동하는 물체의 에너지가 연속적이어서 모든 값을 가질 수 있다고 생각했다. 거시 세계의 에너지 연속 개념이 수소 원자의 미시세계에서 에너지가 모든 값이 아닌 일정한 값만 가질 수 있다는 개념으로 바뀌는 지점에서 양자역학이 시작된다. 수소 원자에 대한 슈뢰딩거 방정식의 풀이 결과, 원자의 미시세계에서는 에너지가 양자화되고 공간이 양자화된 상태로 된다는 것이 밝혀졌다.

공간과 에너지가 모든 값을 갖는 연속 상태가 아니고 일정한 정수 상태만 존재하는 불연속 상태임이 밝혀지면서 인류는 고전역학의 시대에서 양자역학의 시대로 접어들게 되었다. 양성자와 전자에 대한 슈뢰딩거 방정식의 해답은 파동함수 형태를 띠며, 전자에 대한 파동함수는 수소 원자에서 전자가 가질 수 있는 양자화된 에너지 값과 원자핵에서 전자의 공간배치에 관한 모든 정보를 갖고 있다. 파동함수는 허수가 포함된 복소수 함수다. 복소수 파동함수로 표현된 물리 현상에서 복소수를 실수로 전환하면 파동함수에서 전자의 위치에 따른 존재 확률을 계산할 수 있다.

수소 원자는 양성자에 구속된 전자가 달과 구름처럼 존재하는 양상이다. 양성자라는 달 주변을 둘러싼 구름을 전자라고 생각하면 된다. 구름은 시간과 위치에 따라 계속 바뀐다. 이처럼 양성자에 구속된 전자도 시간과 위치에 따라 존재할 확률이 지속적으로 요동친다. 전자의 파동함수는 확률파이기 때문에 전자의 물리량을 확률적으로 계산할 수 있다. 전자의 에너지와 위치는 파동함수에서 확률로 계산된다. 미시세계는 결정론의 세계가 아닌 매 순간 변화하는 확률의 세계다.

9   전자, 양성자, 광자의 상호작용

생물학, 화학, 물리학은 전자, 광자, 양성자의 상호작용에 관한 학문이다. 전자와 광자가 움직이는 운동에너지와 양성자의 위치에너지는 모두 전자볼트electronvolt(eV)라는 단위로 나타낼 수 있다. 전자볼트 단위로 표현된 에너지 E와 온도 T 사이의 관계인 E=kT가 볼츠만 공식이다. 볼츠만 공식으로 계산하면 1전자볼트는 1만 1600도에 해당한다. 태양에서 방출되는 빛 속의 광자는 대략 1전자볼트 정도이므로 온도로 환산하면 1만 도가 넘는다. 그래서 햇빛에 오래 노출되면 자외선에 의해 피부 세포 DNA에 손상이 생길 수 있다. 원자핵에 구속된 전자가 탈출하려면 이온화 에너지가 필요한데, 이때 필요한 수소 원자의 최소 이온화 에너지는 -13.6전자볼트이고, 온도는 대략 0.02전자볼트, 즉 20밀리전자볼트(meV) 수준이다.

전자볼트 단위로 표시된 에너지 값을 통해 파장을 계산할 수 있다. 빛 입자인 광자의 에너지 E와 주파수 v의 관계식은 E=hv이다. 광자에서 속도 c와 파장 λ의 관계식은 c=λv이므로 광자의 에너지는 E=hv=h(c/λ)가 된다. 이 공식에서 플랑크 상수 h와 광속도 c는 상수로 주어지므로 전자볼트 단위로 표시된 광자의 에너지는 파장의 길이로 전환된다. 이 공식을 이용하여 빅뱅 후 38만 년 지나서 방출된 광자의 에너지를 현재 측정하면, 파장이 약 1밀리미터 정도가 되고 온도로 계산하면 2.7K다. 이는 영하 200도를 밑도는 매우 낮은 온도다. 전자, 광자, 양성자 사이의 상호작용은 에너지 변환 과정이다. 전자, 광자, 양성자의 상호작용을 전자볼트 단위로 표시하면 다양한 자연현상을 서로 비교해볼 수 있다.

물리 현상을 나타내는 물리량은 스칼라Scalar, 벡터Vector, 텐서Tensor 세 가지 종류가 있다. 스칼라는 크기만 있고 방향이 없는 물리량이다. 에너지 단위로 표시되는 모든 물리량은 스칼라다. 온도, 속력, 기계적 일, 위치에너지, 운동에너지는 모두 스칼라양이다. 벡터는 크기와 방향이 있는 물리량이며, 화살표로 표시할 수 있다. 힘, 속도, 압력은 벡터양이다. 스칼라는 수학의 허수를 제외한 모든 숫자인 실수real number이며 직선 속의 한 점으로 표시된다. 벡터는 두 실수의 쌍으로 표시되며 평면 내의 모든 점에 대응한다. 공간 속 한 점의 물리량을 나타내는 스칼라는 온도 분포나 인구 밀도 분포처럼 공간상의 물질과 에너지 분포를 나타내는 데 적합하다. 벡터는 크기와 방향이 존재하기 때문에 2차원 물리량을 효과적으로 표현하며, 특히 움직이는 입자의 힘과 속도를 표현하기에 적합하다. 벡터 물리량을 미분하면 움직이는 현상의 순간적 변화율을 계산할 수 있다. 벡터 미분으로 동적 현상의 순간 변화량이 계산 가능해졌다. 텐서는 행렬 형태로 표시되는 물리량으로, 4차원 시공에서 움직이는 입자의 물리적 현상을 텐서양으로 나타낼 수 있다.

일반상대성 이론의 중력장 방정식은 시공의 곡률과 에너지-운동량 텐서에 관한 방정식이다. 물리학의 숫자는 스칼라, 벡터, 텐서의 세 가지 범주로 구분되는데, 스칼라양은 0차원 텐서, 벡터는 1차원 텐서로 볼 수 있다. 전자의 속도는 광속에 이를 수 없고, 광속보다 낮은 속도로 움직이는 전자의 운동은 벡터로 표현된다. 진공 속의 광자는 광속으로 움직이는 운동량 그 자체다. 광속으로 달리는 광자는 4차원적 존재다. 광자의 세계는 시간과 공간이 분리되지 않는 하나의 단일 실체인 시공spacetime으로, 공간의 3차원에 시간의 차원이 결합된 4차원에서 광자의 동역학은 텐서의 공변 미분으로 표현된다. 뉴턴역학은 벡터 미분으로 충분하지만 4차원 세계에서 시공의 곡률을 계산하는 과정에는 텐서의 공변 미분이 필요하다. 공변covariance이라는 말은 물리량이 상호관계 속에서 함께 변화한다는 뜻이다.

진공 속에서 빛은 광속으로 움직인다. 전자는 광속보다 낮은 등속운동과 가속운동을 할 수 있다. 전자는 원자핵에 구속되어 원자를 구성하는 전자 그리고 원자를 벗어나서 움직이는 자유전자로 구분된다. 자유전자가 광자와 충돌하면 광자의 에너지를 흡수하여 전자의 운동량이 바뀐다. 운동량(p)은 질량(m) 곱하기 속도(v)로, p=mv이다. 질량은 크기만 존재하는 스칼라 값이며 속도는 방향과 크기가 존재하는 벡터양이므로 운동량도 벡터다. 닐스 보어 Niels Bohr는 태양계의 행성처럼 원자핵 주위를 전자가 원운동한다고 가정함으로써 원자가 방출하는 빛의 비밀을 밝혀냈다. 원자핵 주위를 원운동하는 전자가 광자를 흡수하면 전자의 에너지가 많아져서 원자핵에서 더 멀리 있는 고에너지의 궤도로 전자가 이동한다.

높은 에너지 궤도를 도는 전자는 낮은 에너지 궤도로 다시 떨어지고, 이 두 궤도의 에너지 차이에 해당하는 만큼 광자를 방출한다. 전자의 궤도는 3~4개 이상 존재하므로 에너지 차이의 값도 여러 개가 되어 다양한 주파수의 광자가 방출된다. 외부 에너지 교란이 없는 진공에서 수소 원자의 전자는 가장 낮은 에너지 상태인 주 양자수 n이 1인 상태(n=1)를 유지한다.

수소 원자의 전자는 원자핵에서 반지름 0.53Å 거리에서 원운동을 하지만 외부에서 입력된 광자를 전자가 흡수하면서 입력된 광자의 에너지에 따라 n=2, 3, 4, 5,… 궤도로 전자가 도약한다. 높은 에너지 궤도의 전자는 시간이 지나면서 다시 광자를 방출하고 낮은 궤도로 떨어진다. n=1 궤도로 떨어지면 자외선이 되고, n=2 궤도로 떨어지면 가시광선이 되고, n=3 궤도로 떨어지면 적외선이 된다. 전자가 광자를 흡수하거나 방출하는 현상인 빛의 본질은 원자 속 전자의 궤도 이동이다.

수소 원자의 주 양자수에 따른 전자 배치

에너지가 높은 n=2 이상의 궤도에서 n=1 궤도로 바뀌면, 전자는 라이먼 계열 Lyman series의 광자를 방출한다. 높은 에너지 궤도에서 n=2 궤도로 전자 궤도가 바뀌면 가시광선에 해당하는 발머 계열 Balmer series의 빛이 나오며, n=3 궤도로 바뀌면 적외선에 해당하는 파셴 계열 Paschen series의 광자를 방출한다.

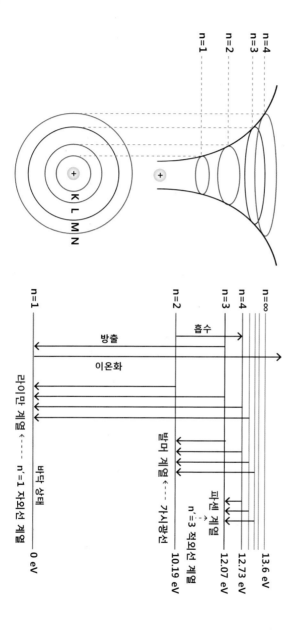

10 미시세계와 양자역학

물리 현상을 예측하려면 수식과 수치로 분석할 수 있어야 한다. 하지만 미시세계에는 뉴턴의 고전역학이 적용되지 않는다. 이러한 세계를 설명하는 것이 바로 양자역학이다.

물리학은 뉴턴역학에서 시작하여 열역학과 양자역학으로 발전했다. 양자역학 연구를 통해 원자들이 방출하는 빛의 특성이 설명되었고, 입자인 동시에 파동이라는 빛의 이중성이 드러나면서 모든 입자가 파동일 수 있고 파동에도 입자적 특성이 있음이 밝혀졌다. 양자역학에서 입자들의 모든 물리 정보는 파동함수로 표현된다. 원자핵에 구속된 전자의 운동도 파동함수로 표현된다. 전자의 파동함수는 원자핵에서 거리와 방향에 따른 함수이다. 양자역학에서는 파동함수의 진폭과 위상을 복소수로 표현하는데 복소수는 실재하는 자연현상을 나타내는 숫자가 아니다.

그래서 실재하는 전자를 묘사하기 위해서는 파동함수가 실재하는 측정값인 실수값이 되어야 한다. 파동함수 ψ를 복소수 $\psi = a + ib$라 하면 ψ의 공액 복소수로서 실수 부분은 같고 허수 부분의 부호가 반대인 복소수 ψ^*는 $a - ib$가 된다. 복소수와 공액 복소수를 곱하면 $\psi\psi^* = (a + ib) \times (a - ib) = a^2 + b^2$이 되어 실수가 된다. 전자의 파동함수 ψ를 실수로 전환한 값 $a^2 + b^2$의 제곱근인 $(a^2 + b^2)^{0.5}$이 바로 원자핵에 구속된 전자가 위치에 따라 존재할 확률이 된다. 그래서 양자역학에서는 전자가 원자핵 둘레를 원운동하는 모델보다 구름처럼 분포하며 존재할 확률을 계산한다. 운동에서 확률적 분포 상태로 개념이 크게 바뀌게 된다.

수소에서 우라늄까지 원자핵에 구속된 모든 전자의 궤도는 전자의 파동 함수를 실수화함으로써 확률 계산 값으로 구해낼 수 있다. 원자핵에 구속된 전자들의 궤도는 시간과 공간의 각 점에서 율동하는 확률파의 형태로 진동한다. 확률로 계산된 전자 궤도에서 가장 존재 확률이 높은 궤도가 닐스 보어의 원자 모델에서 주 양자수로 정해지는 전자 궤도다. 닐스 보어의 원자 모델에 따르면, 원자핵 주위를 원운동하는 전자의 각운동량은 연속이 아닌 일정한 값만 허용되어 양자화가 된다. 각운동량의 양자화 조건에서 주 양자수 n에 따라 원자의 반지름이 결정된다.

　보어의 원자 모델에서 수소 원자의 반지름은 주 양자수 n의 제곱 배만큼 멀어지므로 n=1 궤도의 반지름이 0.53Å이면 두 번째 궤도 n=2의 반지름은 첫 번째 궤도의 네 배, n=3 궤도에서는 아홉 배가 된다. 이처럼 정수와 관련된 거리만큼 격리된 궤도가 나타나므로 공간이 양자화되었다고 한다. 양자역학에서는 공간뿐만 아니라 에너지도 양자화된다.

11 광자의 방출과 레이저

전자는 광자를 흡수하거나 방출할 수 있다. 전자가 광자를 흡수한 뒤 즉시 다시 광자를 방출하면 형광螢光이 되고, 천천히 방출하면 인광燐光이 된다. 전자는 흡수한 광자의 에너지보다 낮은 에너지의 광자를 방출한다. 이산화탄소의 온실효과도 이산화탄소가 흡수한 광자보다 에너지가 더 낮은, 긴 파장의 광자를 방출하는 현상이다.

자동차 안으로 들어오는 햇빛 속 광자는 자동차 내부 물체 속 전자에 흡수된다. 태양광 광자의 파장은 약 500나노미터인데, 자동차 안의 물체들이 광자를 흡수하여 10마이크로미터 정도 되는 적외선 영역 파장의 광자들을 전자들이 방출한다. 이 긴 파장의 광자들의 자동차 유리를 통과하지 못한 채 반사되기 때문에 차 내부에 갇히면 차 안의 온도가 50도를 넘을 수 있다. 겨울에 식물을 키우는 온실도 온실 안의 물체들이 방출하는 광자의 파장이 길어 온실 유리를 통과하지 못해 온도가 올라가는 것이다.

광통신 반도체 레이저도 전자가 광자를 방출하는 현상에서 만들어지는 반도체 소자다. 반도체 레이저에 도선을 통해 전자를 주입하면 에너지 준위가 높은 전도대conduction band에 전자 밀도가 높아져서 전도대에서 에너지가 낮은 가전자 대역valance band으로 전자들이 집단적으로 이동한다. 이 과정에서 전도대와 가전자 대역의 에너지 차이에 해당하는 광자가 대량 생성된다. 전자에서 방출된 광자들이 반도체 레이저 양쪽 거울 면에서 다중으로 반사되어 결 맞은 강한 광자 다발을 형성하여 한쪽 거울 면으로 방출되는 것이다.

반도체 레이저 다이오드가 생성하는 광자는 파장이 1.3마이크로미터와 1.55마이크로미터로 에너지 손실이 적은 파장이다. 반도체 레이저 다이오드는 전자가 입력되면 광자가 출력되고, 전자가 입력되지 않으면 광자가 생성되지 않는다. 입력되고 입력되지 않는 전자의 상태가 이진법의 1과 0에 해당하면, 광자의 출력도 이에 대응해 1과 0으로 디지털화된다. 반도체 레이저 광소자는 인터넷 통신의 발전을 가속시킨 핵심 기술이다. 반도체 발광소자의 본질도 전자가 광자를 방출하는 능력의 공학적 예일 뿐이다.

12   보손과 우주를 구성하는 네 가지 힘

우주는 에너지와 물질 입자로 구성된다. 물질 입자를 페르미온fermion이라 하고 에너지를 전달하는 입자를 보손boson이라 한다. 물질 입자인 페르미온은 스핀 양자수가 주로 -1/2과 +1/2처럼 반정수 값이며, 에너지를 전달하는 입자인 보손은 스핀 양자수가 0, 1, 2처럼 정수 값이다. 모든 소립자는 질량, 전하, 스핀으로 구별되는데, 페르미온과 보손은 스핀에 의해 구별된다. 입자물리학의 스핀은 거시 세계에 해당되는 물리 현상이 없는 소립자의 고유한 특성이다.

거시 세계에서 스핀은 팽이처럼 돌아가는 물체의 물리량이지만 소립자의 스핀은 단 두 가지 값의 각운동량을 갖는, 회전과 무관한 양자 현상이다. 전자의 스핀 양자수는 -1/2과 +1/2 두 가지 반정수 값만 허용한다. 각각의 소립자에 해당하는 양자장이 존재하며, 양자장이 입자화되어 힘을 전달하는 보손 입자가 된다. 물질을 구성하는 입자인 페르미온은 중입자인 바리온baryon과 경입자인 렙톤lepton으로 구별되는데, 바리온은 3개의 쿼크로 구성된다. 렙톤에는 질량이 무거운 순서로 전자, 뮤온, 타우 경입자가 존재한다. 중성미자도 페르미온이며, 중성미자에는 전자 중성미자, 뮤온 중성미자, 타우 중성미자가 있다. 전자 중성미자는 뮤온 중성미자와 타우 중성미자로 전환될 수 있으며, 이 현상을 중성미자의 진동이라 한다.

우주에 존재하는 모든 소립자는 페르미온과 보손으로 구분된다. 보손은 1개의 에너지 준위를 점유하는 입자의 개수에 제한이 없으며, 에너지를 전달하는 입자다. 보손에서 중력자는 중력을 전달하고 광자는 전자기력을 전달한다. 약한 상호작용을 전달하는 게이지 보손이 W와 Z 입자다. 페르미온은 파울리 배타율Pauli exclusion priciple이 적용되는 입자로, 물질을 구성하는 입자다. 페르미온은 중입자와 경입자로 나뉜다. 파울리 배타율은 1개의 에너지 준위에 1개의 입자를 허용하는 원칙으로 전자처럼 스핀 양자수가 +1/2과 -1/2만 존재한다. 보손은 스핀 양자수가 0 혹은 1이다.

우주에는 중력, 강력, 약력, 전자기력, 이 네 가지 힘이 존재한다. 빅뱅 후 10^{-43}초가 지나 중력이 독립된 힘으로 분화되었고, 10^{-35}초 즈음에 강력이 분화되었다. 약력은 중성자와 양성자 사이의 베타붕괴에 관여하는 힘으로, 원자핵 내부의 매우 좁은 범위에서 W^+, W^-, Z^0의 세 가지 보손 입자에 의해 전달되는 힘이다. W^+와 W^- 입자는 약 80기가전자볼트(GeV), Z^0 입자는 91기가전자볼트, 양성자는 938메가전자볼트(MeV)의 에너지를 지니므로 이 세 가지 보손 입자는 양성자보다 약 100배나 무겁다. 아인슈타인의 $E=mc^2$ 공식에서 질량은 $m=E/c^2$이므로 W 입자의 질량은 80기가전자볼트 에너지를 광속도의 제곱(c^2)으로 나눈 값 $80GeV/c^2$이지만 c^2를 생략하기도 한다.

힘을 전달하는 보손 입자는 원자핵 속의 매우 근접한 거리에서만 힘이 작용하며 거리가 멀어지면 힘이 급격히 약해진다. 전자기장electromagnetic field의 힘을 전달하는 보손 입자가 바로 광자다. 전자기장을 양자화하면 광자가 출현한다. 소립자 생성을 장field의 양자화 과정으로 설명하는 이론을 양자장 이론quantum field theory이라 한다. 양자장 이론에서 입자의 생성과 소멸을 계산하는 연산자를 생성 연산자, 소멸 연산자라 한다.

생성과 소멸의 연산자인 미분 연산자를 전자기장에 작용시키면 광자가 생성되거나 소멸된다. 전기와 자석의 힘은 전자기장이 양자화해 생성된 현상이다. 광자는 정지 질량이 0이므로 무한대의 거리에도 힘을 전달할

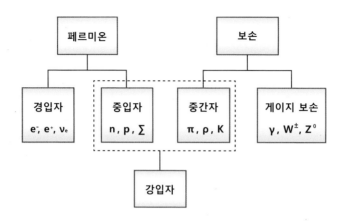

수 있다. 전자기장의 전기장electric field이 직각 좌표계의 한 평면에서 진동한 다면 다른 평면에서는 자기장magnetic field이 진동하는데, 이 두 평면에 수직 방향으로 전달되는 에너지 덩어리가 바로 광자다.

전기장과 자기장은 진동하는 파동이므로 반사되는 경계면이 없다면 무한히 먼 공간으로 퍼져 나간다. 이러한 전기장과 자기장을 합쳐서 전자기장이라 하는데, 빛은 진동하는 전자기장이고 전자기장이 양자화되어 생성되는 입자가 바로 광자다. 그래서 진공에서 빛의 속도는 c=1/(진공 유전율 ×진공 투자율)$^{1/2}$인데, 이때 유전율은 전기, 투자율은 자기에 관한 물리 값이다. 빛의 속도 공식 속에서 빛이 자기와 전기 현상의 근본임이 드러난다.

전류와 자석의 모든 물리적 특성은 광자의 특성과 연결된다. 우주의 복사 에너지가 100기가전자볼트 이상 되는 빅뱅 후 10^{-6}초보다 더 이른 초기 우주에서는 고에너지 상태에서 약력을 전달하는 W, Z 입자의 질량이 사라진다. 우주 초기의 고에너지 상태에서는 광자, W, Z 입자가 모두 질량이 0이 되어 대칭이 회복된다. 이때 전자기력을 전달하는 광자와 약력을 전달하는 W, Z 입자가 구별되지 않기 때문에 약력과 전자기력이 통합된다. 약력과 전자기력을 통합하는 이론을 입자물리학의 표준모델이라 한다. 우주에 존재하는 네 가지 힘도 모두 보손이라는 입자가 전달하는데, 그중 중력은 중력자, 강력은 글루온 보손, 약력은 W 보손과 Z 보손, 전자기력은 광자가 전달한다.

우주의 네 가지 상호작용에는 중력, 전자기력, 약력, 강력이 있다. 상호작용은 힘과 같은 의미이므로 전자기 상호작용은 전자기력, 약한 상호작용은 약력이라 한다. 강력은 강한 상호작용이며 핵력과 원자력이 이에 해당한다.

상호작용	매개 입자	기본 입자
중력	중력자	전자, 뮤온, 중성미자
전자기력	광자	
약력	W^+, W^-, Z^0	쿼크
강력	글루온	

우주의 네 가지 힘이 분화되는 빅뱅 후 경과 시간과 에너지.

절대온도로 표현된 온도와 전자볼트 단위 사이의 관계는 볼츠만식 E=kT이다. 이때 E는 전자볼트, T는 절대온도, k는 볼츠만 상수로, k=8.6×10^{-5} eV/T이다.

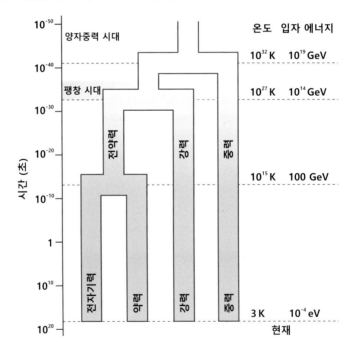

13   전하 중화 원리

우주의 물질은 원자로 구성된다. 원자는 양성자의 +전하량과 전자의 −전하량이 정확히 같기 때문에, 모든 원자는 전하가 중성이다. 전하량의 단위는 쿨롱Coulomb이며 C로 표기한다. 전자와 양성자의 전하량은 1.6×10^{-19}쿨롱으로, 1쿨롱은 1암페어의 전류가 1초 동안 흘렀을 때 이동한 전하의 양이며, 전자 6.25×10^{18}개의 전하량이다. 만약 작은 조약돌을 구성하는 원자들의 전하가 중화되지 않았다면 만지는 순간 감전되니 매우 위험하다. 작은 티끌에도 수십억 개가 넘는 원자가 존재하므로 원자들이 각각 + 혹은 − 전하를 가지면 그 힘은 대단히 강하다. 바늘에 막대자석을 가까이 가져가면 바늘이 자석에 달라붙는다. 이것은 바늘에 작용하는 지구 전체의 중력보다 바늘과 자석 사이의 전자기력이 더 세기 때문에 일어나는 현상이다. 전자기력은 전자기장의 공간 분포에서 생성되는 힘이다.

우주의 네 가지 힘은 모두 보손 입자들이 전달하는데, 전자기력을 전달하는 입자가 바로 광자다. 전기장의 시간적 변화가 자기장을 만들고, 자기장의 시간적 변동이 전기장을 생성한다. 전기장과 자기장이 서로 생성하는 이러한 과정을 맥스웰이 수식으로 표현했기 때문에 맥스웰 방정식이라 한다. 전기 현상과 자기 현상은 맥스웰 방정식의 전기와 자기에 관한 네 가지 방정식으로 표현된다. 맥스웰의 전자기 방정식에서 빛의 속도 공식이 유도되어 전자기 현상과 빛의 관계가 분명해졌다.

전기장은 전기적 양인 전하량에 의해 에너지를 갖게 되는 공간이다. 이동하는 전하의 흐름이 전류가 되고, 정지한 정전하靜電荷, 즉 움직임이 없는 전하에 의해 정전기장이 생성된다. +전하에서 −전하를 연결하는 전기력선은 무한한 거리까지 연결될 수 있다. 보손의 질량과 힘을 전달하는 거리는 반비례하여 W보손처럼 입자의 질량이 크면 매우 근접한 거리에서만 힘이 작용하고, 광자처럼 질량이 0이면 거의 무한대의 공간에 작용한다. 거시적 물체들은 전하가 중성으로 중화되어야 한다. 모래나 돌의 전하가 중성이 되지 않으면 지구에서 생명 현상은 출현할 수 없다.

14   태양 에너지의 기원

별 질량의 70퍼센트 이상은 수소다. 태양의 표면 온도는 5800도이고 적색거성의 표면 온도는 약 3000도다. 별 중심부 온도는 1000만 도에서 수억 도에 이르므로 별을 구성하는 수소 원자의 전자는 대부분 자유전자가 되어 양성자와 분리되어 있다. 그래서 별은 양성자와 전자가 서로 구속하지 않아 자유롭게 운동하는 플라스마 상태다. 태양의 중심은 1000만 도 정도이며, 따라서 고밀도의 양성자들이 매우 높은 속도로 열운동을 하고 있다.

빠른 속도로 마주 오는 2개의 양성자가 서로 가까워지면, 같은 전하 사이의 정전기적 반발력으로 튕겨 나간다. 별의 중심부 온도가 1000만 도 이상이면 양성자의 운동 속도가 매우 빠르기 때문에 양성자는 원자핵 크기보다 서로 더 가까이 접근하게 된다. 이때 전기적 반발력보다 서로 당기는 핵력이 더 강해져 두 양성자가 핵력으로 결합하여 $P+P \rightarrow {}^2H + e^+ + v_e$ 과정이 일어난다. 여기서 P는 양성자이며, ${}^2H$에서 H는 수소 원자핵인 양성자 1개를 표시하는데 2는 질량이 양성자의 거의 두 배라는 의미다.

중성자 1개와 양성자 1개로 된 ${}^2H$는 중수소의 핵이 된다. 2개의 양성자가 충돌해 융합하는 과정에서 1개의 양성자가 베타붕괴해 양성자가 중성자로 변환되면서 반전자 e^+와 전자 중성미자 v_e를 방출한다($P \rightarrow n + e^+ + v_e$). 핵력은 전자기력보다 약 100배나 더 강하다. 양성자와 양성자의 핵융합으로 태양 에너지의 대부분이 생성되지만 이 확률이 매우 낮아서 태양은 100억 년 정도 에너지를 방출할 수 있다. 중수소 ${}^2H$와 또 하나의 양성자 p가 융합하여 $^2H+P→^3He+ɤ$의 두 번째 단계의 핵융합이 일어난다. ^3He는 양성자 2개와 중성자 1개로 된 헬륨 동위원소의 핵이며, ɤ는 전자기파에서 파장이 가장 짧고 에너지가 가장 높은 감마파 광자다. 태양 핵융합의 세 번째 단계는 2개의 헬륨 동위원소핵 ^3He의 융합 과정이다($^3He+^3He→^4He+2P$). ^4He는 양성자 2개와 중성자 2개로 된 헬륨 원자핵이며 알파입자라 한다.

태양 중심부의 핵융합은 세 단계 과정을 거친다. 첫 단계에서 방출되는 반전자는 전하의 부호가 +인 전자로 전자의 반입자다. 두 번째 단계에서 방출되는 감마파 광자는 태양 중심에서 표면으로 진행하는 과정에서 태양 구성 입자들과 충돌하면서 에너지를 잃어 태양 표면에 도달했을 때 가시광선과 자외선이 된다. 태양 중심에서 출발한 광자가 태양 표면에 도달하기까지는 무수한 충돌 과정을 거쳐 대략 100만 년 이상의 시간이 소요된다. 태양의 핵융합 과정도 전자, 광자, 양성자의 이야기다.

전자, 광자, 양성자는 별 중심 영역의 핵융합 과정에 작용하는 핵심 입자다. 태양에서는 양성자와 양성자의 핵융합 과정을 거쳐 에너지가 만들어진다. 질량이 태양보다 큰 별은 탄소, 질소, 산소 원자의 촉매 작용에 의한 핵 변환으로 에너지를 만든다. 태양보다 질량이 큰 별 속에는 탄소, 질소, 산소의 원자핵이 존재하는데, 이것들과 양성자의 핵융합이 일어난다. 이 과정을 CNO 순환이라 한다. CNO 순환의 첫 단계는 탄소-12(^{12}C)의 원자핵과 양성자(P)의 핵융합인 $^{12}C+P→^{13}N+ɤ$ 과정이다. ^{12}C의 원자핵은 양성자 6개와 중성자 6개이며, 질소-13(^{13}N)의 원자핵은 양성자 7개와 중성자 6개로 구성된다. ɤ는 핵융합 과정에서 방출되는 감마파 광자다. 이 핵융합 과정에서도 별과 태양 속에서 양성자가 탄소 원자핵에 핵융합되고 감마파 광자가 생성된다.

CNO 순환의 두 번째 단계는 베타붕괴 $^{13}N→^{13}C+e^++v_e$ 과정이다. 이는 질소 원자핵의 양성자 1개가 중성자로 변환하는 +베타붕괴 $P \rightarrow n + e^+ + v_e$로, 이 과정에서 양성자는 반전자와 전자 중성미자를 방출하고 중성자로 바뀐다. 반전자(e^+)를 생성하는 베타붕괴를 +베타붕괴, 전자(e^-)를 생성하면 −베타붕괴라 한다.

별의 핵융합 과정에서는 +베타붕괴가 핵심이다. ^{13}C는 양성자가 6개 중성자가 7개인 탄소 동위원소의 원자핵이다. +베타붕괴에서 생성된 반전자 e^+가 별 속의 자유전자 e^-를 만나 쌍소멸하는 $e^+ + e^- \rightarrow \gamma$ 과정으로 전자와 반전자 질량에 해당하는 에너지를 갖는 광자를 방출한다. 전자와 반전자의 쌍소멸에서 생성되는 광자를 이용하는 뇌 영상 기술이 바로 양전자단층촬영 positron emission tomography(PET)이다. CNO 순환의 세 번째 단계는 탄소 원자핵과 양성자가 핵융합하는 $^{13}C + P \rightarrow {}^{14}N + \gamma$ 과정이다. ^{14}N은 양성자 7개와 중성자 7개로 된 질소 원자핵으로 ^{13}N과는 동위원소다. 동위원소는 동일한 원소에서 중성자의 개수만 다른 원소를 말한다.

CNO 순환의 네 번째 단계는 질소 원자핵에 양성자가 핵융합하는 $^{14}N + P \rightarrow {}^{15}O + \gamma$ 과정으로, 산소 동위원소 핵 ^{15}O이 생성된다. CNO 순환의 다섯 번째 단계에서는 산소 원자핵의 양성자 1개가 +베타붕괴하는 $^{15}O \rightarrow {}^{15}N + e^+ + v_e$ 과정에서 질소 원자핵이 생성된다. ^{15}N, ^{14}N, ^{13}N은 모두 질소 동위원소이며 양성자는 7개로 동일하고 중성자 개수만 8개, 7개, 6개로 서로 다르다. CNO 순환의 마지막 단계인 여섯 번째 단계는 질소 원자핵 ^{15}N과 양성자가 핵융합하는 $^{15}N + P \rightarrow {}^{12}C + {}^4He$ 과정으로, 탄소 원자핵과 헬륨 원자핵 ^4He, 즉 알파입자 1개가 생성된다.

태양보다 질량이 큰 별 중심부의 핵융합 과정인 CNO 순환에서 탄소, 질소, 산소 원자핵과 양성자 4개가 차례로 1개씩 핵융합하여 6단계의 핵변환을 통과하면 $^{12}C + 4P \rightarrow {}^{12}C + {}^4He$가 된다. 즉 양성자 4개가 알파입자 1

양성자–양성자 연쇄 반응은 태양 중심부에서 양성자와 양성자가 핵융합하는 반응이고, CNO 순환은 태양보다 질량이 조금 더 큰 별 중심부에서 일어나는 핵융합 반응이다. CNO 순환에서 탄소, 질소, 산소는 촉매 역할을 하고, 순환 핵반응으로 헬륨 원자핵인 알파입자가 생성된다. 출처: H. Karttunen, P. Kröger 외, 《기본 천문학》, 형설출판사, 2007, 275쪽.

양성자-양성자 연쇄 반응

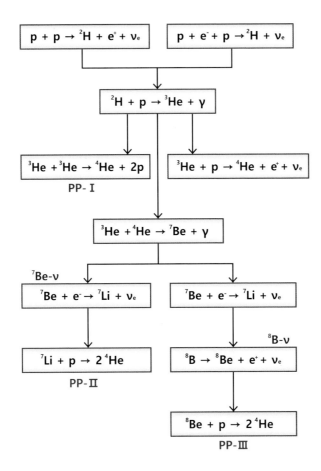

CNO 순환

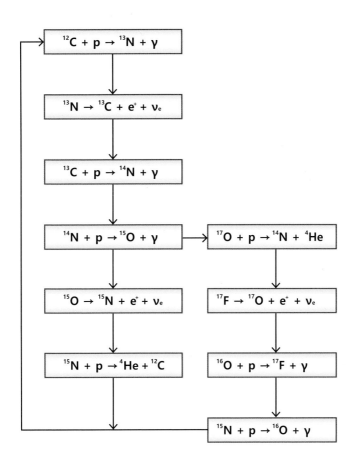

개인 ^{4}He로 핵융합하는 과정이다. 태양의 양성자–양성자 핵융합 과정과 CNO 순환의 핵융합에서 반전자를 방출하는 +베타붕괴를 기억하자. 별의 핵융합과 베타붕괴도 자연에서 일어나는 전자, 광자, 양성자 상호작용의 중요한 예일 뿐이다.

15   핵융합과 원소의 탄생

별의 구성 물질은 대부분 수소와 헬륨이다. 지구형 행성에는 철과 규소가 풍부하지만, 별에는 수소와 헬륨 이외의 원소들은 미량만 존재한다. 규소, 즉 실리콘(Si)은 지구에서 두 번째로 풍부한 원소이며, 지각과 맨틀은 50퍼센트 이상이 산화규소다. 수소 원자핵인 양성자는 빅뱅 후 100만분의 1초가 지난 뒤 출현했고, 헬륨 원자핵인 알파입자는 빅뱅 후 약 3분이 지나서 합성되었다. 주기율표의 약 90개 원소는 빅뱅 후 5억 년이 지난 후 별 속에서 합성되었다. 그래서 주기율표에서는 수소와 헬륨이 핵심이며, 나머지 모든 원소는 수소와 헬륨이 별 속에서 핵융합한 결과로 양성자와 중성자의 수가 늘어난 무거운 원소들이다. 지구의 돌, 바람, 물은 모두 별이 만든 원소들로 만들어졌다.

업쿼크는 전하량이 분수값인 2/3쿨롱이고 다운쿼크의 전하량은 -1/3쿨롱이다. 그래서 양성자의 전하량은 uud→(2/3+2/3-1/3)C=3/3C=C가 되어 전자 전하량과 같고 부호만 반대다. 중성자의 전하량은 ddu→(-1/3-1/3+2/3)C=0으로 중성자의 전하량은 0이 되어 전하가 중성이란 의미에서 중성자라 한다.

별의 핵융합 과정에서 발생하는 +베타붕괴는 양성자에서 중성자로 변환하는 $P{\rightarrow}n+e^{+}+v_e$ 반응으로 +전하의 반전자를 방출하므로 전자 중성미자 v_e도 출현한다. +베타붕괴로 원자핵에서 양성자가 1개 감소하면 다른 원소가 된다. 중성자가 양성자로 전환하는 베타붕괴는 $n{\rightarrow}P+e^{-}+\bar{v}_e$ 반응으로 -전하의 전자를 방출하므로 -베타붕괴라 하며, 원자핵에서 양성자가

1개 더 증가하여 다른 원소가 된다. −베타붕괴에서 방출하는 중성미자는 반중성미자다.

별 속의 핵융합 과정에서 발생하는 +와 −베타붕괴의 결과, 별에서 다양한 원소가 합성되었다. 빅뱅 후 3분 안에 합성된 양성자와 알파입자가 중력 수축으로 뭉쳐 빅뱅 후 약 5억 년이 지나서 우주에 최초의 별이 탄생했다. 최초의 별들은 질량이 태양의 100배나 되기 때문에 매우 빠른 핵융합으로 탄소, 질소, 산소의 원소를 폭발적으로 합성했다. 별 속의 핵융합 과정은 빅뱅 후 약 130억 년 동안 지속적으로 원소를 합성했다. 지구를 구성하는 대부분의 원소는 별 속의 핵융합 과정에서 생성되었다.

별 속 핵융합 과정에서 원소들의 합성은 빠른 과정rapid process과 느린 과정slow process으로 구분된다. 두 과정 모두 원자핵이 중성자를 포획함으로써 일어난다. 고밀도의 중성자 다발이 존재하면 원자핵이 중성자를 포획하는 속도가 빨라지기 때문에 빠른 과정이라 한다. 느린 과정은 부피가 매우 크고 표면 온도가 낮은 적색거성에서 수천 년 동안 일어나는 원소 생성 과정이다. 느린 과정에서는 별의 온도가 낮고 중성자 밀도가 $10^5 \sim 10^{11}$/cm².sec 정도로 낮아서 원자핵에 포획된 중성자가 −베타붕괴를 거쳐 양성자로 전환되는 속도가 느리다.

철보다 가벼운 원소들은 대부분 느린 과정의 핵 변환 과정을 통해 생성된다. 빠른 과정은 초신성이 폭발할 때 생성되는 고밀도(10^{22}/cm².sec)의 중성자에서 생성되는 핵 변환 과정이다. 초신성 폭발에서 수 초 내에 진행되는 빠른 핵 합성 과정에서 철보다 무거운 원소들이 합성된다. 별 속의 핵 합성으로 주기율표 원소의 대부분이 생성되고 지구를 구성하는 탄소, 질소, 산소, 철, 규소의 원소가 만들어진다. 지구를 구성하는 모든 원소는 태양이 탄생하기 이전에 태양 주변의 적색거성과 초신성들이 만든 원소들이 별 중심부의 핵융합 과정에서 양성자가 +베타붕괴하여 중성자와 양전자 그리고 전자 중성미자(뉴트리노)를 방출한다. −베타붕괴는 중성자가 양성자, 전자, 전자 중성미자의 반입자로 붕괴되는 약한 상호작용이다.

+베타붕괴 : $p \rightarrow n + \beta^{+} + \nu_e$

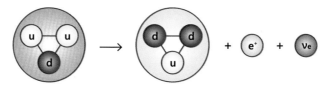

-베타붕괴 : $n \rightarrow p + \beta^{-} + \bar{\nu}_e$

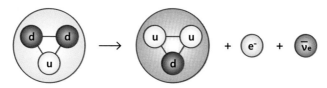

다. 별 속의 핵융합 과정에서 생성된 탄소와 산소는 빅뱅에서 생성된 수소와 결합하여 물(H_2O)과 이산화탄소(CO_2) 분자를 만든다. 물과 이산화탄소가 태양의 빛 알갱이인 광자와 상호작용하는 과정이 바로 광합성이다.

별의 핵융합으로 생성된 산소 원자가 수소 원자와 결합하여 물이 되었고, 물은 지구에서 바닷물이라는 액체 상태로 존재했다. 지구 탄생 20억 년 이후 물 분해형 광합성 과정을 통해 기체 상태의 산소 분자가 출현했다. 산소 분자를 이용하여 약 20억 년 전에 출현한 진핵세포에서는 세포 속의 미토콘드리아가 산소 호흡을 통해 대량으로 생체 에너지 ATP를 합성한다.

미토콘드리아의 산소 호흡은 별이 만든 원소인 산소를 이용하여 세포

내에서 대량의 에너지를 생성하는 과정인데, 이를 통해 세포의 진화가 가속된다. 약 6억 년 전 다세포 생물이 출현하고, 약 5억 년 전에는 척추동물이 출현하여 사지동물과 양막류로 진화하고, 양막류에서 파충류와 조류, 포유동물이 출현했다. 별의 핵융합이 지구 모든 생명의 고향인 것이다.

요약하면, 별의 핵융합 과정은 전자, 광자, 양성자가 상호작용하는 과정이다. 그래서 한번 더 명확해진다. 별, 지구, 생명 모두는 전자, 광자, 양성자가 상호작용한 결과다. 전자와 양성자 이외에도 많은 소립자가 있지만 모두 입자가속기의 충돌 실험에서 생성되는 찰나적인 존재들이다. 전자와 양성자만이 오랜 시간 붕괴되지 않고 존재하여 수소 원자를 만든다. 광자는 광속으로 움직이는 에너지 그 자체이고, 전자에서 광자가 생성되고 흡수될 수 있다. 별의 지속적인 핵융합 과정을 통해 생성되는 에너지가 빛으로 방출되고, 그 빛 에너지를 이용하여 지구에서 생명이 출현하고 진화해 왔다.

16   별의 일생과 태양의 운명

　별은 질량에 따라 수명이 다르다. 별이 맞이할 마지막 단계는 백색왜성, 중성자성, 블랙홀이다. 성간물질이 중력으로 수축하여 중심 영역의 온도와 압력이 올라가면 핵융합 단계로 진입한다. 태양 질량 정도의 천체는 약 1000만 년쯤 되는 시간 동안 중력 수축을 통해 중심 영역에서 4개의 양성자가 1개의 헬륨 원자핵으로 전환하는 핵융합을 한다. 중심핵이 수소 핵융합하는 단계의 별을 주계열성이라 한다. 초기 질량이 태양 질량의 1.4배가 되지 않는 별들은 주계열성 상태로 수십억 년 이상 지낸 후 적색거성이 된다.

　적색거성은 변광성 단계를 거쳐 외곽의 가스를 거대 항성풍으로 분출하고, 중심 영역의 고밀도 핵만 남아서 백색왜성이 된다. 초기 질량이 태양 질량의 대략 10배가 넘는 별들은 주계열성 단계에서 벗어나 초거성이 되고, 타입 II 초신성 supernova 일 경우 폭발한다. 타입 II 초신성은 폭발 후 지구 크기만 한 철로 된 중심핵을 생성한다. 중심핵이 철로 된 초신성이 중력 수축을 계속하면 중성자성이 된다.

　타입 II 초신성 중 초기 질량이 태양의 수십 배 이상이 되는 별의 중심핵은 폭발 후에 강한 중력 수축으로 빛도 탈출할 수 없는 블랙홀이 된다. 빅뱅 후 약 5억 년 지나 생성된 최초의 별 중에선 태양 질량의 100배 정도로 무거운 별이 많은데, 이들은 100만 년 정도의 짧은 삶을 살다 마지막에 폭발해 블랙홀이 된다. 양성자와 양성자가 핵융합하는 순간에 별이 탄생하고, 그 마지막엔 초기 질량에 따라 백색왜성, 중성자성, 블랙홀이 된다. 별의 마지막 운명은 별 탄생 시 초기 밀도가 결정한다. 밀도는 단위 부피당 질량이다.

태양은 절대등급으로는 4.8등성으로 은하수 변두리의 평범한 별이다. 절대등급Absolute magnitude은 별을 32.6광년 거리에서 본, 본래 별이 가진 밝기의 등급이다. 태양은 겉보기 등급으로는 -26.8등성이다. 태양은 46억 년 전 중심 영역의 수소 원자핵이 핵융합을 시작해 헬륨 원자핵으로 바뀌면서 주계열 단계의 별이 되었다. 태양의 핵융합 첫 단계인 양성자-양성자 핵융합 과정의 확률이 매우 낮아서 태양은 주계열 단계에서 거의 100억 년 동안 머물면서 수소 핵융합을 할 수 있다.

태양은 주계열성 단계에서 46억 년을 살아왔고, 앞으로 약 50억 년 후에는 중심핵의 수소 핵융합이 헬륨 핵융합으로 전환되는 단계로 진입한다. 중심핵에 수소가 고갈되어 중심핵 둘레의 헬륨이 핵융합하는 단계가 바로 적색거성이다. 중심핵 외곽의 헬륨이 고온고압으로 핵융합하여 탄소가 생성되는 과정에서 별의 반지름이 10배 이상 증가한다. 이로 인해 태양의 표면적은 수백 배 이상으로 증가하고, 표면 온도가 3000도 정도로 낮아져 크고 붉은 별인 적색거성이 된다.

태양이 적색거성 단계가 되면 팽창하는 태양 속에 지구가 포함되어 지구의 표면은 모두 녹아버린다. 적색거성 단계에서는 헬륨이 탄소로 변환되는 핵융합이 지속되기 때문에 태양의 중심부에는 탄소가 축적되기 시작한다. 태양 질량 정도의 별은 중심 온도가 3억 도에 도달하기 어려워 탄소 핵융합이 일어나지 않는다. 중심핵의 탄소는 핵융합하지 않지만 외곽의 헬륨과 수소가 순차적으로 핵융합하는 점근거성가지별asymptotic giant branch(AGB별)이 된다. 태양이 점근거성가지별이 되면 태양의 외곽이 급격히 팽창하고, 그 결과 표면층이 급속히 식어가는 맥동변광성이 된다.

별의 일생은 초기 원시 별의 질량에 따라 달라진다. 태양 질량의 1.4배인 찬드라세카르 질량 한곗값보다 초기 질량이 작은 별들은 마지막에 외곽 가스를 분출하고 중심핵은 백색왜성이 된다. 초기 질량이 태양 질량의 1.4배 이상 되는 별들은 마지막 단계에 초신성 폭발을 거쳐 중심부가 중성자인 중성자성과 블랙홀이 된다. 하단의 배수는 태양 질량 기준이다. 출처: 김형진, 《빛과 우주: 과학인가 신비인가》, 화산문화기획, 2004년.

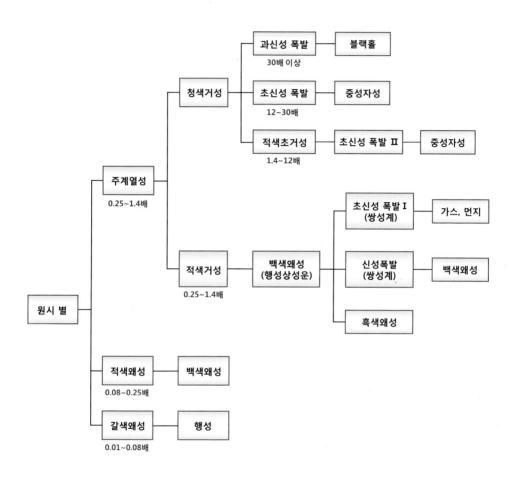

맥동변광성은 별이 팽창과 수축을 반복하면서 핵융합으로 생성된 원소들을 거대 항성풍stellar winds으로 대량 분출하는 단계의 별이다. 맥동변광성이 분출한 가스는 별과 별 사이 성간물질이 된다. 맥동변광성 단계의 별들은 주기적으로 별의 구성 물질을 분출하여 중심부에 하얀 백색왜성과 그 둘레에 분출된 가스들이 동심원 형태로 분포하는 행성상 성운planetary nebula이 된다. 맥동변광성 단계를 거친 태양이 외곽 물질들을 성간물질로 분출하면서 중심핵은 탄소가 강한 중력으로 축퇴된 상태의 별이 된다. 중심핵의 탄소가 강한 중력으로 축퇴되면 다이아몬드가 된다.

우리 은하에서도 다이아몬드 별이 여러 개 발견되었다. 주계열성이 된 태양은 100억 년 후 적색거성에서 점근거성가지별이 된다. 이 단계는 수억 년 정도 진행되고, 맥동변광성에서 마지막 백색왜성이 되는 단계는 수백만 년의 짧은 시간 동안 진행된다. 태양의 일생은 별이 되는 1000만 년 정도의 중력 수축 단계, 중심핵에서 수소가 핵융합하는 100억 년의 긴 주계열성 단계, 적색거성에서 백색왜성이 되는 수억 년의 단계로 구분된다. 마지막 백색왜성은 광자를 방출하면서 서서히 에너지를 잃게 되어 어두운 흑색왜성이 될 수 있다.

태양의 일생을 관통하는 +베타붕괴는 +전자, 광자, 양성자의 생성과 소멸 과정이다. +전자는 질량은 전자와 같지만 전하량의 부호만 다른 입자로 양전자positron라 한다. 생명 현상과 달리 별에서는 거대한 질량에 의해 중력이 중요해진다. 별은 전자, 광자, 양성자에 중력을 추가해야 하지만 세포에서는 중력의 영향을 거의 무시할 수 있다. 별의 일생은 팽창하는 핵융합 복사 에너지와 수축하는 중력 에너지의 균형이 지배한다. 별의 일생은 중력과 핵력의 균형을 향한 물질과 에너지의 순환 과정이다. 별에서 물질 변환은 +베타붕괴를 동반하는 핵융합 과정이고 에너지는 광자 형태로 방출된다.

태양은 성간물질이 중력 수축으로 뭉쳐 주계열성이 된 후 약 100억 년 동안 그 상태를 유지한다. 중심부의 수소가 헬륨으로 전환하면 주계열성 단계를 벗어나 적색거성이 되고, 나중에는 점근거성가지별을 거쳐 맥동 변광성이 된다. 맥동변광성이 외곽 가스를 분출하면 중심부는 백색왜성이 된다. 출처: Michael Zeilik, S. A. Gregory, E. P. Smith 외, 《천문학 및 천체물리학 서론》 대한교과서주식회사, 1997, 361쪽.

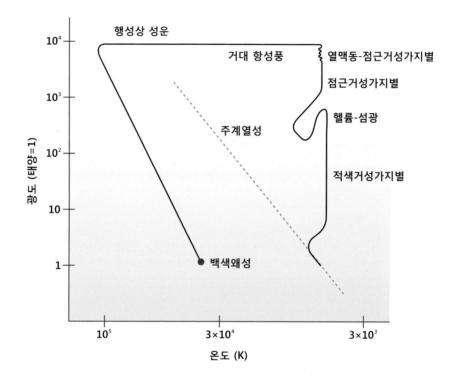

주계열성, 적색거성, 수평거성, 점근거성가지 단계에서 별 내부 구조와 핵융합 단계

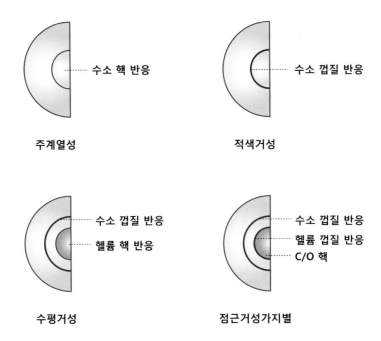

주계열성 ········ 수소 핵 반응

적색거성 ········ 수소 껍질 반응

수평거성 ········ 수소 껍질 반응
········ 헬륨 핵 반응

점근거성가지별 ········ 수소 껍질 반응
········ 헬륨 껍질 반응
········ C/O 핵

제 2 장

지구의 탄생과 판구조 운동

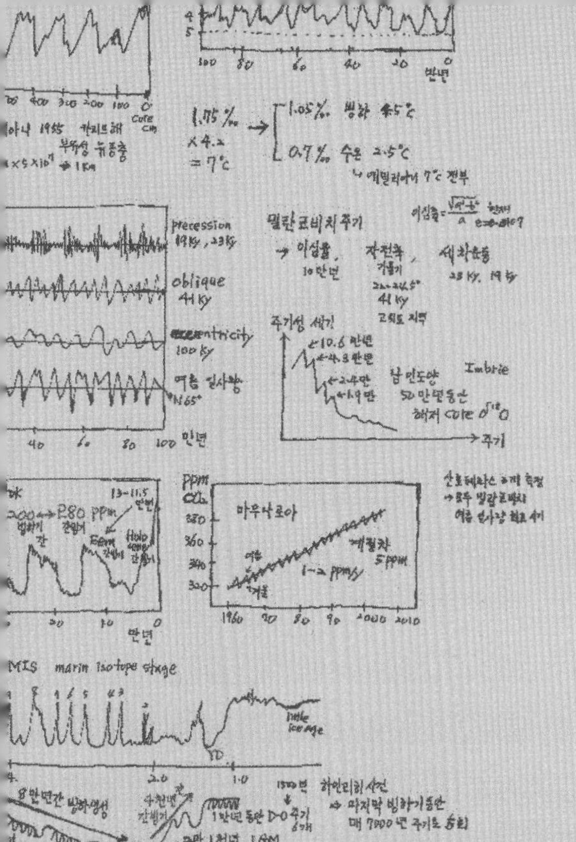

Top left graphs:

아나 1955 카리브해
부유성 유중층
×5×10⁶ 년 1Km

$1.75‰ \rightarrow \begin{cases} 1.05‰ \text{ 빙하 } 4.5℃ \\ 0.7‰ \text{ 수온 } 2.5℃ \end{cases}$
= 7℃
↳ 에밀리아니 7℃ 전부

precession 19 ky, 23 ky
oblique 41 ky
eccentricity 100 ky
여름 일사량 N65°

이심률 = $\frac{\sqrt{a^2-b^2}}{a}$ e=0.0167
이심률 10만년
자전축 기울기 41 ky
세차운동 23 ky, 19 ky
그린란드 지각

주기성 색기:
±10.6 만년
±4.3 만년
±2.4 만년
±1.9 만년 50 만년동안
해저 core δ¹⁸O
→ 주기 Imbrie

ppm CO₂
280
360
340
300
13-11.5
마우나로아
1960 70 80 90 2000 2010
계절차 5ppm
1~2 ppm

200 → 280 ppm
Holo
13-11.5
LGM

MIS marin Isotope stage
little ice age
YD
8 만년간 빙하성장
3만 1천년 LGM
밀란코비치 사건
→ 마지막 빙하기동안
매 7000 년 주기로 5회

Center / right:

Caledonia 조산
Acadia, Antler 조산
Ouatach 조산
Eocene 50 Ma
Tethys
Taconay 조산

proto Atlantic rift Zone
Pangaea
60 ma

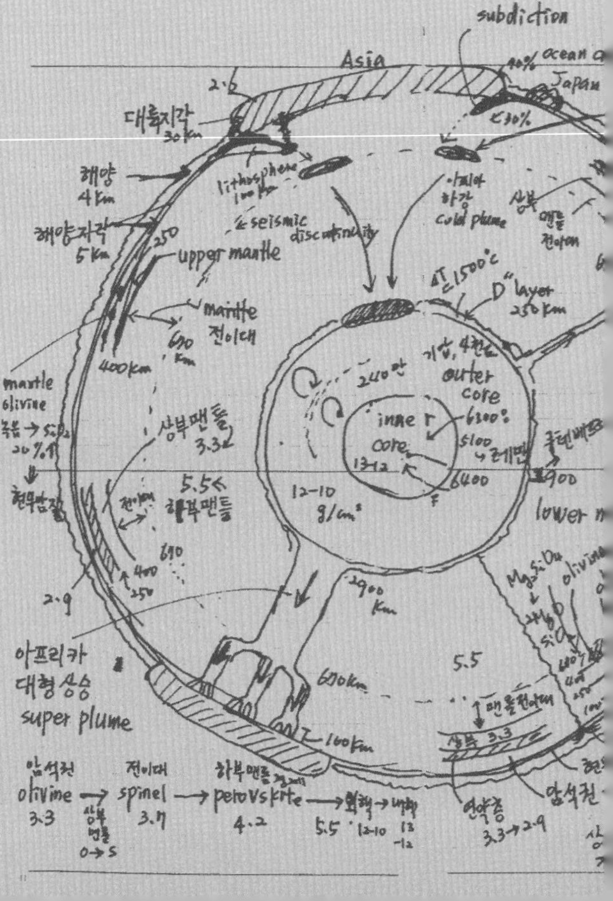

Earth interior diagram (right):

subduction
Asia
Japan
ocean c
40%
30%
대륙지각 30km
해양 4km
해양지각 5 Km
lithosphere
seismic discontinuity
upper mantle
350
mantle 전이대
400 Km
690 Km
mantle olivine
cold plume
ΔT 1500℃
D" layer 250 Km
outer core 5100°
inner core 1312
6400
240만
12-10 g/cm³
5.5
상부맨틀 3.3z
하부맨틀
2900 Km
690 km
660 km
160 km
아프리카 대형상승 super plume

암석권 전이대 하부맨틀
olivine → spinel → perovskite
3.3   3.7   4.2   5.5 12-10 13 -12

1   지구는 미행성이 충돌하여 만들어졌다

46억 년 전 성간 거대분자구름의 중력 수축으로 우리 태양이 만들어졌다. 태양은 은하수 은하Milky way galaxy의 중심에서 2만 5000광년 거리의 외곽에 존재한다. 은하수의 직경은 약 10만 광년이다.

우리 태양계의 행성들은 태양이 생성될 때 함께 만들어졌다. 수성, 금성, 지구, 화성을 지구형 행성이라 하는데, 규소 산화물의 암석질 행성을 말한다. 목성과 토성은 비중이 물과 비슷하고 수소 가스가 풍부한 거대 행성이다. 지구는 직경 1000킬로미터의 미행성 10여 개가 서로 충돌하는 과정에서 생겨났다고 추정된다. 거대한 미행성들이 충돌하여 서로 합쳐져 질량이 증가하면서 궤도상의 물질들을 중력으로 흡수하기 시작한 것이다.

지구 생성 시뮬레이션에 의하면 46억 년 전, 초기 지구의 직경이 현재의 5분의 1 수준이었을 때 최초의 대기층이 형성되었다. 초기 지구에서는 미행성 속 수증기와 가스 성분이 방출되어 중력에 구속된 상태로 대기층을 형성했다. 대기층은 주로 기체 상태의 수증기(H_2O), 일산화탄소(CO), 질소(N_2) 분자로 구성되었다. 수증기는 기체 상태의 물 분자이고, 기체는 눈에 보이지 않는다. 초기 지구 대기에는 수증기가 약 100기압 이상이었고, 물 분자가 자외선으로 분해되어 생성되는 산소 원자와 일산화탄소가 결합하여 이산화탄소(CO_2)가 생성되었다.

계속되는 미행성 충돌로 지구 반경이 현재의 절반 정도가 되면서부터 지구 표면층이 충돌 에너지로 녹아 마그마 바다가 형성되었다. 지구 표층의 마그마 바다는 대기 중의 수증기를 흡수했는데, 그로써 수증기에 의한 온실효과가 줄어들면서 온도가 일시적으로 낮아져 그 면적이 줄어들었다. 운석 충돌이 계속됨에 따라 대기 중의 수증기가 증가했고, 온실효과가 커져 다시 마그마 바다가 확장되었다. 마그마 바다가 확장되면서 대기 중의 수증기를 더 많이 흡수하고, 그에 따라 다시 온도가 낮아지는 음의 피드백 과정이 진행되었다. 그로 인해 지구의 온도가 급격히 증가하지 않아 맨틀층 전체가 용해되지 않았다. 운석 충돌이 줄어들면서 지구 표층의 마그마 바다가 식어 굳으면서 지각이 형성되었다. 지구 최초의 지각은 감람석 지각으로 추정된다.

감람석으로 이루어진 초기 지각은 이후 현무암으로 대체되어 지구는 단단한 현무암 지각을 갖게 되었다. 45억 년 전, 대략 1억 년이 지나기 전에 마그마 바다가 식어 현무암 지각이 형성되었다. 응축된 대기 중의 수증기가 강한 폭우로 쏟아져 바다가 되었다. 최초의 바다는 150도 정도의 뜨겁고 강한 산성 바다였을 것으로 추정된다. 지구 생성 초기에는 지구 전체가 바다로 덮여 있었고, 바다 가운데 작은 섬들이 줄줄이 있는 호상열도가 존재했다. 호상열도는 점차 성장하여 대륙의 핵심부 역할을 했다.

여러 학설 중 하나에 의하면, 대륙의 크기는 30억 년 이전에는 현재의 10퍼센트 정도였으며, 25억 년 전 원생대가 시작되면서 지금의 90퍼센트가 되었다고 한다. 지구의 대륙은 주로 화강암으로 구성되어 있다. 지구 대륙과 같이 규모가 큰 화강암은 태양계의 행성과 위성에서 발견되지 않고, 지구에만 존재한다. 태양계 행성에서 현무암은 흔하지만 화강암이 아직 발견되지 않는 이유는, 화강암이 대규모로 생성되기 위해서는 바다가 존재해야 하기 때문이다. 45억 년 전 지구가 생성되고 1억 년 내에 지구는 대기, 대양, 지각, 맨틀, 핵으로 분화되었다.

초기 지구의 핵은 내핵과 외핵으로 구분되지 않은, 주로 철과 니켈로 구성된 액체 상태의 단일 핵이었다. 대략 27억 년 전 지구 중심부가 내핵과 외핵으로 분화되었다고 추정된다. 지구 중심부는 5000도 고온에 350만 기압이다. 지구 중심부는 압력이 높기 때문에 지구 중심핵인 내핵은 5000도에서도 고체 상태다. 내핵의 외부는 압력이 내핵보다 낮아 액체 상태를 유지한다. 액체 상태의 철로 구성된 외핵이 유동하면서 27억 년 전부터 지구에 자기장이 생성되었다. 약 24억 년 전에는 자기장의 방어 작용으로 오존

미행성 충돌로 생성된 초기 지구의 반지름이 커지면서 원시 대기와 용융 상태의 마그마 바다가 형성되었다. 용융 상태에서 중심부 철핵이 형성되고 표층이 굳어지면서 원시 대양이 만들어졌다. 그림에서 R은 지구 반지름, Six는 실리콘과 산소가 결합한 산화규소이며, X는 변화하는 산소량이다. 출처: 가와카미 신이치, 도조 분지, 《한권으로 충분한 지구사》, 전나무숲, 2010, 123쪽.

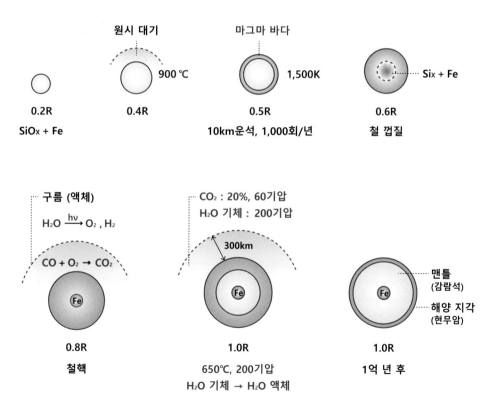

층이 생성되었다. 지구 자기장은 강한 태양풍을 막아주는 지구 방어막이 되었다.

태양풍은 주로 고속으로 이동하는 양성자와 전자로 구성되며, 남극과 북극 상공에서 대기층과 충돌하여 오로라를 만든다. 극지방을 제외한 대부분 지역에서는 지구 자기장이 태양풍을 막아준다. 수억 년 동안 태양풍에 노출된 화성은 태양풍에 의해 대부분의 대기층이 사라져 대기압이 매우 낮아졌다. 대기압이 낮아져 초기 화성에 존재했던 바다가 증발하여 현재 화성 표면에는 액체 상태의 물이 거의 없다.

지구도 자기장이 화성처럼 미약했다면 대기층과 바다가 사라질 수 있었다. 태양에서 지구까지의 거리가 지구가 받는 태양 에너지의 양을 결정한다. 이 거리가 지구에서 물이 액체 상태를 유지하는 데 결정적인 역할을 했다. 또한 초기 지구는 100기압 이상의 대기층과 자기장이 태양풍을 막아주어 대규모의 액체 상태 물이 바다를 형성하는 행성이 된 것이다.

태양계의 행성과 위성에서 물 분자는 고체 상태인 얼음 형태로 있다. 진공 상태에서 물 분자는 대부분 기체 상태이고, 액체 상태의 물은 태양계 전체에서 매우 드문 현상이다. 목성의 위성인 유로파에는 얼음 표층 밑에 바다가 존재할 가능성이 높다. 초기 지구의 표면은 바다였고, 그 바닥은 현무암 지각이었다. 검고 단단한 현무암 지각 아래 감람석의 맨틀층, 액체 상태의 외핵, 고체의 내핵으로 지구의 층상 분화가 진행되었다.

2 화강암 대륙의 출현

지구의 화강암은 마그마 결정 분화, 섭입대subduction zone 해양 지각의 용용, 대륙 지각 하부층 용용의 세 가지 지질 과정을 거쳐 생성되었다.

마그마의 결정 분화는 액체 상태의 마그마가 식어가면서 그 속에서 현무암질 마그마가 결정으로 성장하고 농축되는 과정이다. 마그마가 굳어져 생성되는 화성암 광물의 구성 성분에서 이산화규소(SiO_2)는 50~70퍼센트로 광물 성분의 반 이상이며, 이산화규소 함량이 많을수록 광물의 녹는 온도는 낮아진다. 이산화규소는 실리카, 유리, 흑요석, 모래, 사암, 규암, 석영, 수정의 주성분이며, 지각과 맨틀층에서도 이산화규소가 핵심 광물이다.

이산화규소 비율이 50퍼센트 정도인 현무암은 1기압에서 녹는 온도가 1200도로 화성암에서 가장 높다. 마그마 용액에서 현무암질 마그마는 고체 결정이 되고, 나머지 용액에서 이산화규소가 70퍼센트 정도 되면 점성이 높아지면서 지하 수십 킬로미터 지점에서 서서히 굳어 화강암이 된다. 마그마의 결정 분화 작용으로 생성되는 화강암은 대륙을 구성하는 전체 화강암의 대략 5퍼센트 정도로 미미한 수준이다.

화강암 생성의 두 번째 섭입대인 해양 지각 용용 과정을 보자. 해양판이 대륙판 아래로 섭입되는 과정에서 해양판 표층에 함유된 바닷물이 탈수된다. 이 탈수 과정에서 수증기와 고압으로 해양판 표층의 융점이 낮아지면 900도에서도 암석이 녹아 마그마가 된다. 현무암질 마그마에 물이 첨가되면 화강암질 마그마가 된다.

세 번째 화강암 생성 과정은 대륙 지각 아래로 물이 유입되어 그 하부 영역이 일부 용융되어 화강암질 마그마가 생성되는 현상이다. 대륙 지각 하부의 화강암질 마그마가 다시 굳어져서 생성되는 화강암은 대륙 지각 그 자체에서 생성되므로 대륙 지각의 크기는 증가하지 않는다. 지구 초기부터 현재까지 화강암은 주로 해양판이 대륙판 아래로 섭입되는 과정을 통해 생성되었다. 해양판이 대륙판 아래 지하 110킬로미터 정도로 섭입되면 바닷물이 포함된 현무암 해양판이 녹아 마그마가 생성된다. 이렇게 생성된 마그마가 상승하면서 안산암질과 화강암질 마그마로 변화되어 대륙 지각 아래에서 화강암이 지속적으로 생성된다.

안데스산맥은 해양판이 남미 대륙 밑으로 섭입되면서 1000만 년 전에 급격히 높아졌다. 안산암질 마그마에서 형성되어 안산암이 풍부하며, 안산암andesite이라는 이름도 안데스산맥에서 따온 것이다. 이산화규소의 함량은 현무암 50퍼센트, 안산암 60퍼센트, 화강암이 70퍼센트 정도이며, 섭입대에서 생성되는 산맥에서는 안산암이 대부분이다. 현무암은 검은색이 많고 화강암은 밝은 흰색이므로 색깔로 암석의 대략적 분포 양상을 알 수 있다. 철과 마그네슘 성분이 많아서 검고 표면이 거친 현무암질 암석을 고철질암이라 하는데, 이때 '고苦'는 마그네슘의 한자어다. 화강암질 마그마에 의해서 생성된 밝고 흰 암석을 규장질암felsic이라 하는데, 규장은 규소silicon와 장석feldspar을 의미한다. 대륙의 색깔은 검은색과 흰색의 중간인 회색의 안산암질이 대부분이다.

대양의 중앙해령에서 초고철질 마그마가 분출하여 해양판이 생성되고, 해양판이 발산 경계를 따라 양쪽으로 확장하면서 대륙판과 만나 해구가 형성된다. 해양판이 대륙 지각 아래로 섭입되면서 해양판 표층이 녹아 마그마가 된다.

대륙괴

대양분지

화산호

핫 스팟

고철질
현무암
화산암체

반려암
규장질

화성암
화강암
섬장암

유문암

맨틀 마그마 기둥

고철질

발산 경계

초고철질암
(상부맨틀의 화성암)
감람석, 두나이트

침상현무암
화성암

수렴 경계

해구

현무암질 용암
화강암과 현무암

마그마 생성

섬록암
화강섬록암

화산 작용에 의한 안산암

제2장 지구의 탄생과 판구조 운동

3   슈퍼플룸과 표층 환경의 변화

대륙의 성장은 맨틀 대류에서 시작한다. 19억 년 전 이전에는 맨틀 대류가 상부 맨틀과 하부 맨틀로 나뉘어 이루어졌다고 추정된다. 초기 지구의 대륙은 바다 가운데 섬들이 나열된 호상열도 형태였다. 해양판은 약 1000개 정도의 작은 판으로 나뉘어 초기 대륙 아래로 빠른 속도로 섭입되었다. 원생대 이전의 지구 맨틀은 현재보다 온도가 약 300도 이상 높았다고 추정된다. 두께 30킬로미터 정도로 섭입된 해양판은 높은 맨틀 온도 때문에 섭입과 동시에 부분적으로 용융되어 대륙판 아래에 첨가되었다. 해양판의 섭입 과정이 반복되면서 마그네슘 함량이 높은 마그마가 굳어져 대륙 지각이 형성되었고, 250킬로미터 두께의 단단한 대륙 중심부 영역이 존재하게 되었다.

이러한 과정으로 생성된 대륙의 단단한 심에 해당하는 지질 구조를 강괴craton라 한다. 현재 지구에는 20억 년 전 이전에 생성된 강괴가 30개 정도 존재한다. 19억 년 전 이후 지구 맨틀이 서서히 식었기 때문에 해양 지각은 대륙 지각으로 섭입되는 과정에서 용융되지 않았다. 오히려 맨틀 아래로 더 깊이 내려가 670킬로미터 지점에서 축적되었다. 해양 지각이 섭입되어 1억~4억 년 주기로 쌓이는 지하 670킬로미터 지점을 기준으로 상부 맨틀과 하부 맨틀로 구분된다. 상부 맨틀과 하부 맨틀의 경계 지역에 수억 년 동안 축적된 해양판 잔류물의 무게가 임계치에 도달하면 일시에 외핵으로 낙하한다.

이렇게 낙하하는 대규모 해양판 잔류물들은 상대적으로 온도가 낮아서 이를 콜드플룸cold plume이라 한다. 콜드플룸이 외핵의 표층으로 낙하하면 액체 상태의 외핵이 유동하여 다른 쪽으로 거대한 마그마의 상승 흐름을 일으키는데, 이것을 핫슈퍼플룸hot super plume이라 한다. 현재 지구의 아시아 대륙 아래에는 하강하는 콜드플룸이 존재하고, 아프리카 대륙 아래에는 상승하는 거대 핫플룸이 있다. 상승하는 거대 플룸의 영향으로 약 300만 년 전부터 홍해가 생성되었고, 동아프리카 지구대는 계속 분열하여 새로운 바다가 생겨날 수 있었다.

외핵에서 출발한 거대한 슈퍼플룸은 19억 년 전부터 시작되었으며 원생대에서 신생대까지 대륙의 이동에 결정적인 역할을 했다. 현재 지구과학 이론은 대륙판과 해양판의 이동에 관한 판구조 이론과 외핵에서 상승하는 슈퍼플룸 이론이 결합하여 지각 판들의 움직임을 지구 전체의 관점에서 설명한다. 원생대 이후부터 신생대까지 약 5억 년 주기의 초대륙 생성과 분열도 슈퍼플룸의 주기적 상승 작용에서 생겨난다고 추정된다. 온통자바 해양대지Ontong Java plateau는 1억 2000만 년 전 중생대 백악기에 태평양에서 발생한 거대한 슈퍼플룸의 분출로 해양 바닥에서 현무암 홍수가 일어나 만들어진 융기 지형이다.

해양 바닥에서 범람하는 현무암의 분출이 원인이 되어 이산화탄소가 대규모로 대기로 방출됨으로써 해양 무산소 상태ocean anoxinic event(OAE)가 되었다. 중생대에는 해양과 대륙에 여러 차례 슈퍼플룸에 의한 현무암 홍수 사건이 일어나 대기 중의 이산화탄소 농도가 신생대의 약 다섯 배나 되었다. 중생대의 높은 이산화탄소 농도는 온실효과를 가속시켜 중생대 2억 년간 남극 대륙에는 빙하가 없었고, 해수면이 현재보다 거의 200미터나 상승하여 지금의 아프리카 대륙만 한 면적의 육지가 바다에 잠겼다.

상부 맨틀과 하부 맨틀의 경계에서 축적된 해양판이 외핵으로 낙하하여 콜드플룸을 생성하고, 이에 따라 외핵이 상승하는 핫슈퍼플룸이 일어난다. 출처: S. Maruyama, M. Santosh, D. Zhao, "Superplume, supercontinent, and post-perovskite: mantle dynamics and anti-plate tectonics on the core – mantle boundary", *Gondwana Research*, Volume 11, Issues 1 – 2, January 2007, pp.7–37.

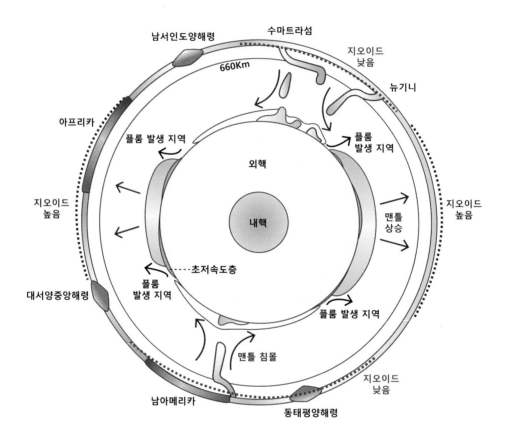

4   양성자와 산성화된 지구 토양

고생대에서 신생대 현재까지 5억 년간의 지구 표층 환경의 변화에서는 크게 두 가지가 핵심이다. 생물의 광물화 현상과 생물에 의한 광물의 분해다. 지구 표층의 환경 변화 과정은 생물 진화와 광물 진화로 바라볼 수 있다. 생물의 진화는 40억 년간 원핵세포에서 다세포 동물로 진화해 온 과정이며, 광물의 진화는 지구 생성 초기부터 46억 년간 지속된 지질학적 변화 과정이다.

지구의 시대 구분은 생명 진화의 관점에 따라 이루어진다. 이에 따라 생명이 시작하는 시생대, 원핵세포와 진핵세포가 출현하는 원생대, 다세포 생물이 출현하여 생명 현상이 드러나는 현생대로 크게 구분된다. 현생대는 고생대부터 현재까지다. 고생대 이래 약 5억 년간 일어난 현생대 지구 표층의 중요한 변화는 생물과 광물의 공진화에서 비롯되었다. 고생대 캄브리아기부터 일어난 생물과 광물의 공진화에서는 생물의 광물화biominealization와 생물에 의한 광물의 풍화 과정bioweathering이 핵심이다.

생물의 광물화 현상은 생물의 조직 속으로 광물이 들어와서 생체 조직의 일부를 담당하는 현상이다. 예를 들어 삼엽충의 눈은 광물인 방해석으로 구성되어 있다. 척추동물의 뼈는 인산칼슘 광물이 주성분이다. 광물이 분해되는 과정은 대부분 물에 의한 분해 작용으로, 풍화weathering라고 한다. 고생대 데본기 이후로 육상식물이 번성하고 양치식물 숲이 형성되면서 식물 뿌리에 의해 지표면의 암석들이 분해되기 시작했다.

식물에 의해 광물이 분해되면서 데본기부터 대륙 지각 표층에 본격적으로 토양층이 형성되었다. 토양은 광물, 공기, 물, 생물 유기체에 의해 형성된 지구의 피부에 해당한다. 약 3억 6000만 년 전 고생대 데본기부터 식물에 의한 광물의 풍화 작용으로 토양이 생성되었고, 이 토양을 바탕으로 식물이 번성하고 파충류와 포유류 등 육상 척추동물의 진화가 가속되었다. 빗물과 토양의 상호작용이 토양 산성화의 주된 원인이지만, 식물 뿌리에서 분비되는 양성자도 토양의 산성화에 일조했다. 작물이 밀도 높게 생장하면서 토양 속 알칼리 금속 양이온을 흡수하여 토양이 산성화된 것이다.

식물의 뿌리털 세포 속 미토콘드리아에서 TCA 회로가 작동해 양성자와 이산화탄소가 생성된다. 뿌리털에서 방출된 양성자가 점토와 결합되는 과정에서 방출되는 칼륨이온은 식물의 영양소다.

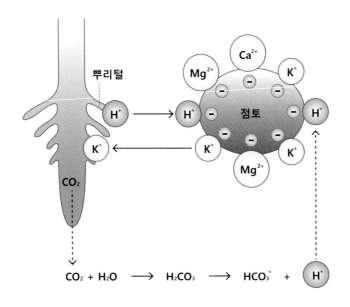

5   판게아 초대륙의 형성

원생대 이후 판구조 운동으로 대륙들이 이동하여 콜럼비아 Columbia 초대륙, 로디니아 Rodinia 초대륙, 판게아 Pangaea 초대륙이 생성되었다. 콜럼비아 초대륙은 대략 20억 년 전에 출현했고, 로디니아 초대륙은 약 10억 년에서 시작하여 8억 년 전에 틀을 갖추었다. 그 후 로디니아 초대륙이 분열하여 고생대 초기에 최대 분열 상태에 이르렀다. 고생대의 중요한 6개 대륙은 로렌시아 Laurentia, 발티카 Baltica, 시베리아 Siberia, 차이나 China, 카자흐스탄 Kazakhstan, 곤드와나 Gondwana 다.

발티카 대륙은 우랄산맥 서쪽의 러시아와 북유럽 대부분이며, 로렌시아 대륙은 북아메리카와 그린란드에 해당한다. 곤드와나 대륙은 고생대와 중생대 초기에 걸쳐 3억 년 이상 동안 존재한 남반부의 큰 대륙으로 남극, 아프리카, 남아메리카, 인도, 호주를 합한 초대륙이다. 오르도비스기에 곤드와나 초대륙은 남쪽으로 이동하고 오르도비스 후기에 발티카가 로렌시아로 접근하면서 두 대륙 사이에 있던 이아페투스 바다가 줄어들게 되었다.

발티카 대륙이 로렌시아 대륙에 접근하면서 이아페투스 바다의 호상열도들이 먼저 로렌시아와 충돌하면서 타코닉 조산운동이 일어난다. 발티카 대륙이 로렌시아와 결합하면서 거대한 칼레도니아 조산운동이 실루리아기부터 데본기까지 이어진다. 곤드와나 대륙에서 분리된 아발로니아 소대륙이 북상하여 로렌시아와 충돌하면서 아카디아 조산운동이 일어난다. 고생대 전기에 타코닉, 칼레도니아, 아카디아 조산운동이 일어나 이아페투스 바다는 소멸한다. 칼레도니아 조산운동에 이어서 북상하던 곤드와나 대륙 초대륙 판게아는 북미와 유럽의 로렌시아와 곤드와나가 결합하여 페름기 말에 형성된다.

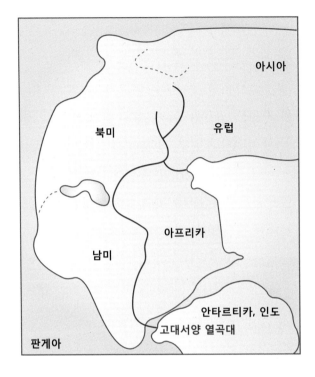

과 로렌시아 대륙이 서서히 접근하면서 석탄기 초기부터 바리스칸 조산운동이 일어나고, 비슷한 시기에 시베리아도 로라시아 대륙과 결합하면서 우랄산맥이 생겨났다. 로라시아 대륙은 로렌시아, 발티카, 아발로니아가 합쳐진 대륙이며 로라시아에 시베리아가 결합하여 유라시아 대륙이 되었다.

지구의 3대 조산운동은 실루리아기에서 데본기까지의 칼레도니아 조산운동, 석탄기의 바리스칸 조산운동, 신생대의 알프스-히말라야 조산운동이다. 석탄기에서 페름기 말까지 지속된 바리스칸 조산운동으로 북반구의 유라시아 대륙과 남반구의 곤드와나 대륙이 결합하여 2억 5000만 년 전 페름기 말에 초대륙 판게아가 출현했다. 지구상 모든 지역이 연결된 판게아 초대륙은 페름기 말에서 트라이아스 말기까지 존재했다. 거대한 초대륙이 출현하면 해안선의 길이가 줄어들고 대륙 내부는 건조한 사막 기후로 변한다.

고생대 초기에서 중생대 트라이아스 말기까지의 3억 년 동안은 6개 대륙이 합쳐져 고생대 초대륙 판게아를 만드는 시기이며, 중생대 백악기부터 신생대 전체 기간은 판게아 초대륙이 갈라지는 대륙 분열의 시기이다. 고생대에는 로렌시아와 발티카 사이의 이아페투스 바다와 곤드와나에서 아발로니아 소대륙이 분리되면서 그 사이에 레익 바다가 출현했다. 곤드와나와 로렌시아 외부로 거대한 판탈라사Panthalassa 바다가 있었는데, 판탈라사가 태평양으로 바뀌었다. 판게아 초대륙 양쪽에 판탈라사와 테티스Tethis 바다가 위치했다.

테티스 바다는 신생대 중기에 지중해로 바뀌었다. 조산운동은 해양판이 대륙판 아래로 섭입되어 상부 맨틀로 들어가는 것을 말한다. 해양판의 일부가 지하 110킬로미터 지점에서 녹아 현무암질 마그마가 생성되고, 이 마그마가 해안선을 따라 자리 잡아 화산대가 생성되었다. 그래서 조산운동은 지질시대를 통해 대륙을 결합하고 대륙 사이의 바다가 사라지게 하는 과정을 촉발했다. 해양판이 대륙판 아래로 섭입되어 사라지는 판 구조 운동으로 바다가 사라지고 초대륙이 생성되는 순환 과정을 윌슨 사이클Wilson cycle이라 한다.

이아페투스 바다의 소멸 과정에서 타코닉 조산운동, 칼레도니아 조산운동, 아카디아 조산운동이 있었고 유럽과 시베리아 사이의 좁은 바다가 사라지면서 우랄산맥이 생겨났다. 유라시아와 곤드와나 대륙 사이의 바다가 사라지면서 바리스칸 조산대가 형성되었다. 고생대에서 중생대 트라이아스기까지는 대륙 사이의 바다가 사라지면서 두 대륙이 충돌하는 조산운동이 일어났고, 쥐라기부터는 판게아가 분리되면서 대서양이 생겨나는 과정으로 이어졌다.

유럽과 북아메리카가 분리되면서 북대서양이 생기고, 백악기 이후에 아프리카와 남아메리카가 분리되면서 남대서양이 만들어졌다. 초대륙의 생성과 분열은 대략 5억 년 주기로 반복되었다. 고생대에서 신생대까지의 지각 운동은 초대륙 판게아의 통합과 분열의 역사다. 고생대는 판게아를 향한 초대륙의 생성 과정이 주를 이루었고, 중생대와 신생대는 판게아 초대륙의 분열 과정이 주를 이루었다. 판게아 초대륙의 분열 과정은 공룡과 포유동물이 진화하는 생태 환경을 만들어냈다.

고생대와 중생대 대륙 분포 개념도(괄호 안은 억 년 전)

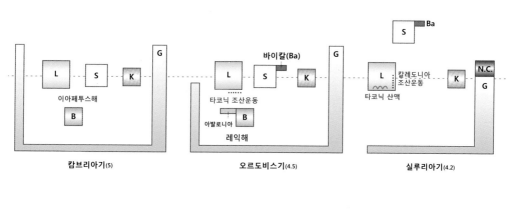

캄브리아기(5)   오르도비스기(4.5)   실루리아기(4.2)

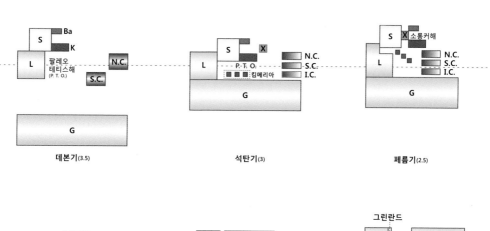

데본기(3.5)   석탄기(3)   페름기(2.5)

트라이아스기(2.2)   쥐라기(1.5)   백악기(0.8)

L : 로렌시아   B : 발티카   S : 시베리아   K : 카자흐스탄   G : 곤드와나

N.C. : 북중국   S.C. : 남중국   I.C. : 인도차이나   X : 신장

킴메리아 : 터키, 이란, 티벳

고생대에는 판게아를 향한 초대륙의 생성 과정이 주를 이룬 반면, 중생대와 신생대에는 판게아가 분열해 현재의 대륙 형태를 갖추는 과정이 주를 이룬다. 출처: Alexander J. P. Houben, Geert-Jan Vis, "Palynological indications for Silurian-earliest Devonian age strata in the Netherlands", *Netherlands Journal of Geosciences*, Volume 100, 2021, e2.

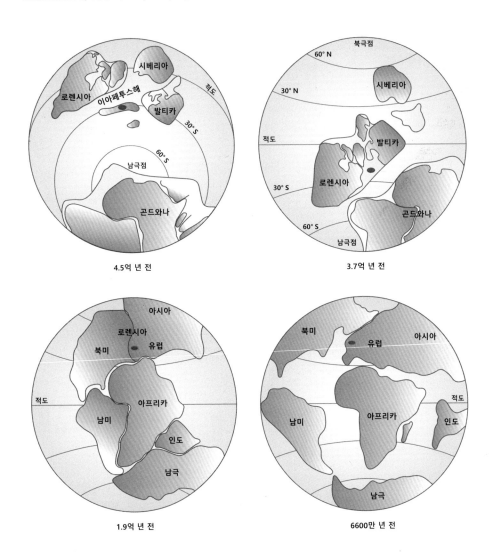

4.5억 년 전

3.7억 년 전

1.9억 년 전

6600만 년 전

6   지질시대의 구분과 초대륙

초대륙 판게아의 분열은 중생대 쥐라기부터 시작한다. 중생대 트라이아스기에 판게아의 내륙은 바다의 습기가 도달하지 않는 건조한 사막 기후였다. 쥐라기부터 판게아가 분리되기 시작해 북대서양이 먼저 생겼다. 신생대는 7개의 기간으로 나눌 수 있다. 6600만 년 전에서 5600만 년 전까지의 팔레오세, 5600만 년 전에서 3400만 년 전까지의 에오세, 3400만 년 전에서 2300만 년 전까지의 올리고세, 2300만 년 전에서 530만 년 전까지의 마이오세, 530만 년 전에서 250만 년 전까지의 플라이오세, 250만 년 전에서 1만 1000년 전까지의 플라이스토세, 1만 1000년 전에서 현재까지의 홀로세다.

이렇게 자세히 신생대의 일곱 시기를 서술하는 이유는 신생대의 지질학적 사건들을 기억하려면 시대 구분이 중요하기 때문이다. 신생대는 중생대의 3분의 1 정도밖에 되지 않는 짧은 기간이지만, 지질학적 정보가 많아서 시대 구분이 명확하지 않으면 그 생태 환경의 변화를 파악하기가 어렵다. 지질학적 시대 구분과 대략적인 연대를 확실히 기억하면 지질 사건과 생물의 진화 과정을 시대별로 연결할 수 있다. 신생대 7개의 세가 지속한 기간도 기억하자. 팔레오세는 약 1000만 년, 에오세는 2100만 년, 올리고세는 1100만 년, 마이오세는 1800만 년, 플라이오세는 280만 년, 플라이스토세는 249만 년, 홀로세는 1만 년간 지속되었다. 약 1만 년 지속된 홀로세와 1000만 년 지속된 팔레오세를 같은 중요도로 기억해야 한다. 팔레오세가 홀로세보다 1000배나 길지만, 지구 환경 변화는 홀로세가 팔레오세보다 더 많고 정보는 더 자세하다.

지질시대 구분의 정확한 연대는 최근에 점차 분명해졌지만, 오래된 지질시대의 구분은 논의 중인 경우가 있다. 신생대의 시작인 팔레오세를 구분하는 지질학적 사건은 포유류의 방산 확산, 설치류, 기제류, 우제류의 아시아 등장, 전 세계 심층수의 온난화다. 생물의 방산 확산은 생태계를 장악하던 생물이 사라진 텅 빈 생태 공간에 다른 생물이 출현하여 천적이 없는 환경에서 급속히 번성하여 확산하는 현상이다. 대륙을 장악한 대형 공룡이 운석 충돌로 멸종한 뒤 수각류의 일부 공룡만 조류로 진화하고, 육상 생태계는 포유류가 차지했다. 신생대 팔레오세가 시작되면서 천적이 대부분 사라진 환경에서 포유동물의 종이 다양해졌다. 소, 기린, 멧돼지처럼 발굽이 짝수인 우제류는 대부분 가축 동물이며, 발굽이 홀수인 기제류는 말, 코뿔소, 맥 이렇게 세 종류다.

인도 대륙이 약 1억 년 전 아프리카에서 분리되어 북상하던 500만 년 동안 우제류 동물이 인도 대륙 내에서 진화했다고 추정된다. 인도 대륙은 5000만 년 전 아시아 대륙과 충돌하기 시작했다. 두 대륙이 접근하면서 그 사이의 테티스 바다가 줄어들고, 먹이가 풍부한 바닷가에서 물고기를 사냥하던 늑대 크기의 동물이 바다에 적응하면서 고래로 진화했다. 그래서 두 대륙이 만나는 인도와 파키스탄 해안 지층에서 파키케투스pakicetus라는 초기 고래 화석이 발견된다. 에오세에는 인도와 아시아 판이 충돌해 히말라야산맥의 조산운동이 시작되었다.

아시아판과 인도판이 충돌하는 과정에서 일어난 화산 분출로 대기 중에 이산화탄소 농도가 높아지고 온실효과로 온도가 상승했다. 신생대 에오세 초기에는 지구 기온이 매우 높아 남극에 온대 상록수림이 존재하고 알래스카에 야자수가 자랐다. 이는 화석을 통해 밝혀진 사실이다. 또 에오세에

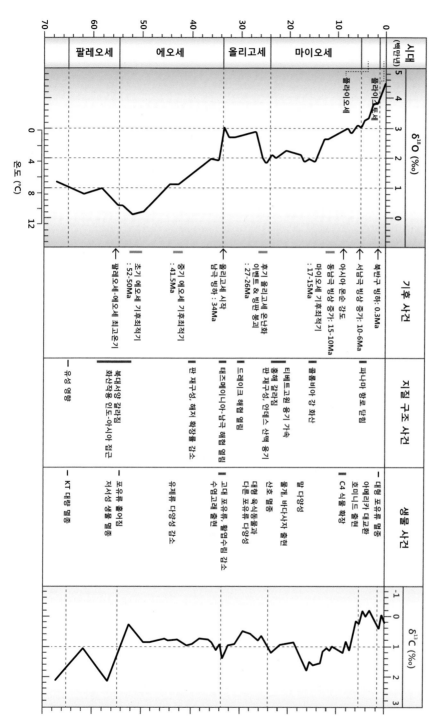

신생대에는 지구 표층에서 대서양이 확장하고, 인도판과 아시아판이 충돌하며, 테티스해가 소멸하고, 지중해가 만들어졌다. 남극이 분리되어 섬 대륙이 되면서 올리고세부터 남극 대륙이 빙하로 덮이고 해양 심층수의 순환이 시작되었다. 빙하와 해양 퇴적물에서 산소동위원소 비율을 측정하면 신생대의 지구 온도를 알 수 있다(1Ma=100만 년 전). 출처: 기상하티 혼다가, 《지구표층환경의 진화》, 도서출판 씨.아이.알, 2012, 173쪽, Zachos 2001.

는 고래와 박쥐가 출현했다. 에오세 말인 3400만 년 전 남극과 호주 사이 타스만해협이 생기면서 남극과 호주가 분리되었다. 에오세 전기는 중생대처럼 고온의 기후였다.

빗물에 의한 화강암 풍화는 신생대 기후를 이해하는 데 핵심적인 지질 과정이다. 화강암 속 장석($KAlSi_3O_8$)이 빗물에 풍화되어 고령토($Al_2Si_2O_5(OH)_4$)가 된다. 암석이 빗물에 녹는 과정을 풍화라 하는데, 빗방울이 대기 중으로 내려오면서 공기 속의 이산화탄소가 빗방울 속으로 녹아들어 탄산(H_2CO_3)이 된다. 이 과정은 화학식으로 $H_2O+CO_2 \rightarrow H_2CO_3$이며 탄산수가 산맥을 구성하는 화강암을 녹이는 현상을 풍화 작용이라 한다. 풍화 과정의 화학식은 $2KAlSi_3O_8+2H_2CO_3+H_2O \rightarrow Al_2Si_2O_5(OH)_4 +2HCO^-_3+4SiO_2+2K^+$이다. 에오세 후기에는 히말라야산맥이 융기하면서 암석이 풍화되는 과정에서 대기의 이산화탄소 농도가 낮아지고, 해저 마그마 분출에 의한 해양판 생성률이 낮아져 지구 온도가 하강했다. 올리고세에는 남극 대륙과 남아메리카 대륙 사이에 드레이크 해협이 생기면서 남극 대륙이 섬처럼 고립되었다. 또 일사량이 부족해지고 순환 해류가 형성됨에 따라 남극 대륙에 빙하가 형성되기 시작했다.

올리고세에 일어난 중요한 사건은 남극 대륙의 고립과 빙하 생성이다. 마이오세 때는 사바나 기후가 확산하면서 전 지구적으로 대초원 지대가 출현하고, 풀을 먹는 포유동물이 번성했다. 마이오세에 한해살이풀이 번성하는 초지가 확대되면서 대형 초식동물의 진화가 가속되었다. 약 500만 년 전 마이오세 말기부터 남미와 북미 대륙이 파나마지협을 통해 연결되면서 남미의 유대류와 북미 대륙의 태반류가 서로 이동하는 포유동물의 아메리카 대교환Great american interchange 사건이 일어났다. 남미의 유대류 약 20종이 북미로 이동하여 태반포유류와 경쟁했으며, 반대로 북미의 태반류가 남미로 확산해 남미의 유대류가 전멸했다.

포유동물의 아메리카 대교환 사건으로 남미의 유대류는 거의 멸종하고, 북미로 이동한 유대류에서는 땃쥐 한 종만 살아남았다. 약 250만 년 전 플라이오세에 파나마지협이 연결되어 대서양의 온난한 멕시코 만류가 태평양으로 유입되지 않고 계속 북상하게 되었다. 남미와 북미 대륙을 연결하는 파나마지협이 500만 년 전부터 연결되기 시작해 250만 년 전에 완전히 결합해 염도가 높고 고온인 멕시코 만류의 흐름이 북극해까지 진출하게 된 것이다.

동물은 파나마지협이 일부만 연결되어도 이동할 수 있다. 파나마지협은 마이오세 끝무렵부터 연결되기 시작했지만, 남대서양의 해류는 파나마지협이 서서히 연결되기 시작한 약 4000만 년 전부터 태평양으로 흘러가지 않았다. 해류는 표층수와 심층수의 흐름으로 구분되는데, 표층수는 바람과 해수의 마찰력으로 생성되는 해류다. 심층수 순환의 원동력은 바다의 온도와 염도의 차이이므로 열염순환thermohaline circulation이라 한다.

남대서양 해류는 남극 대륙 심층수에서 시작한다. 해류량의 단위는 스베드럽(Sv)이며 1스베드럽은 1초당 100만 톤의 물 이동량 $10^6 m^3/sec$이다. 북대서양 심층수North Atlantic Deep Water(NADW)는 15스베드럽이며 남극 저층수는 10스베드럽이다. 태평양에서 가장 큰 해류는 일본 열도를 따라 북상하는 쿠로시오 해류인데, 쿠로시오 해류의 해류량은 최대 24스베드럽이다.

남극 대륙은 올리고세에 고립된 섬 대륙이 되었다. 따라서 남극 대륙 주변의 차가워진 표층수는 밀도가 높아지면서 3000미터 아래로 수직 하강하여 남극 저층수Antarctic Bottom Water(AABW)가 된다. 이 과정에서 남극 해저 유기물들의 표층 상승으로 영양분이 풍부해져 남극 바다는 플랑크톤이 살기 좋은 환경이 되었다. 플랑크톤을 기반으로 하는 먹이사슬 덕에 남극에는 올리고세에 타스만해협과 드레이크해협이 생기면서 남극이 호주와 남미로부터 분리되고 남극에 대륙 빙하가 형성되었다. 출처: Robert A. Rohde, Global Warming Art project.

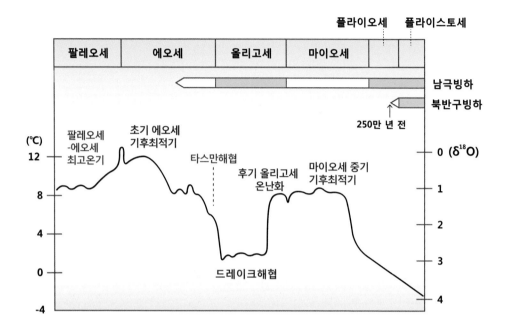

수염고래가 번성하게 되었다.

남극 대륙을 순환하는 차가운 해류는 남극 바닥으로 침강하여 남대서양 쪽으로 이동한다. 남극에서 시작한 차가운 바닷물이 남대서양을 따라 북상하면서 온도가 높아져서 표층수로 바뀌고, 적도 부근을 통과하면서 바닷물이 증발해 소금 농도가 높아져 무겁고 온도가 높은 난류가 된다. 이것이 바로 멕시코 난류다. 400만 년 전 플라이오세에 파나마지협이 완전히 연결되면서 멕시코 난류는 태평양으로 흘러가지 않고 계속 북상하여 영국 해변을 통과하게 되었다.

영국의 위도는 알래스카와 비슷하기 때문에 멕시코 난류가 없다면 영국은 평균 기온 0도 정도로 한랭한 기후가 된다. 멕시코 난류가 방출하는 열로 영국의 평균 기온은 10도 정도로 유지되며, 해류의 습기 때문에 안개가 많이 낀다. 적도를 통과하면서 염도와 온도가 높아진 멕시코 난류는 계속 북상해 그린란드 앞바다에 도달한다. 해류의 수증기가 눈이 되기 때문에 그린란드에는 적설량이 많다. 북극해에 있는 그린란드는 한반도의 10배 면적이며 빙하로 덮여 있다.

그린란드까지 북상한 멕시코 난류는 북극해의 한랭한 대기를 만나 많은 수증기를 만들면서 식어간다. 그래서 그린란드 부근의 멕시코 난류는 고염도와 낮은 온도로 지구상에서 가장 무거운 바닷물이 되어 북대서양 바닥으로 수직 하강한다. 북대서양 바닥으로 침강하는 물기둥은 현재도 관찰할 수 있다. 북대서양 바닥으로 가라앉은 수온이 낮은 해류는 멕시코 난류의 흐름과 반대로 남극을 향해 이동한다. 이렇게 그린란드와 남극을 두 축으로 컨베이어 벨트처럼 순환하는 해류가 약 400만 년 이전부터 출현했다.

신생대 플라이오세부터 해류가 지구 전체를 순환하면서 북극해에 강설량이 증가했고, 그 결과 그린란드의 대륙 빙하와 북극해는 해빙으로 덮였다. 올리고세에 시작한 남극 대륙 빙하와 플라이오세에 출현한 북극 지역 빙하로 인해 지구는 약 250만 년 전부터 대빙하 시대로 진입했다. 250만 년 전 신생대 플라이스토세부터 빙기와 간빙기가 교대로 작동했다. 250만 년 전에서 약 90만 년 전 사이에는 빙하기와 간빙기가 4만 1000년 주기로 반복되었다. 90만 년 전부터 현재까지는 10만 년 주기로 빙하기와 간빙기가 반복된다. 지난 1만 년 전부터 현재까지는 홀로세 간빙기 시대다.

이렇게 4만 년에서 10만 년으로 빙하기 주기가 전환된 현상을 중기 플리이스토세 변천Mid-Pleistocene Transition(MPT)이라 한다. 10만 년 주기로 빙하기와 간빙기가 반복되는 지구 기후 사이클을 '밀란코비치 주기'라 하는데, 이것이 현재 기후를 이해하는 핵심이다. 물론 현재의 지구 온난화는 지구적 지질 현상과는 관련이 없다. 산업혁명 이후 화석 연료 사용이 급증하면서 일어난 현상이다. 최근의 지구 온난화는 신생대 말의 대빙하 현상과 구분해야 하며, 인간에 의한 급격한 온난화는 지구 생태계에 큰 충격을 주고 있다.

7 신생대의 지질학적 대사건

신생대는 초대륙 판게아의 분열이 가속화한 시대다. 판게아 초대륙은 페름기 말기에서 트라이아스 말기까지 유지되다가 쥐라기부터 서서히 시작하여 신생대에서 급격히 분열하였다. 쥐라기에 북아메리카와 유라시아가 분리되면서 북대서양이 생겨나기 시작하고, 아프리카와 북아메리카 사이에 좁은 바다가 생겼다. 쥐라기 때는 주로 북대서양이 생겼지만, 아프리카와 남아메리카는 백악기까지 분리되지 않아 남대서양은 백악기 후반에 형성되기 시작했다. 대서양의 생성은 북대서양과 남대서양으로 구분해야 한다.

신생대 6600만 년간 중요한 지질 변동 사건을 시대순으로 나열하면 북대서양 중앙해령 확장, 인도-아시아판 충돌, 테티스해 소멸, 타스만해협과 드레이크해협 열림, 티베트고원과 안데스산맥 융기, 지중해와 홍해 생성, 파나마지협 폐쇄라고 할 수 있다. 북대서양 중앙해령은 해저 현무암질 마그마의 분출로 대서양 해양 지각이 만들어지는 과정에서 확장되었다. 쥐라기에 북대서양이 생겨나고 약 1억 2000만 년 전 백악기에 슈퍼플룸으로 아프리카와 남아메리카가 분열하기 시작해 남대서양이 만들어졌다. 북대서양과 남대서양을 연결하는 대서양 중앙해령은 길이 1만 5000킬로미터로 지구에서 가장 긴 해저 산맥이다.

대서양 한가운데 바다 밑에 형성된 대서양 중앙해령은 폭이 1000킬로미터고, 현무암 마그마가 분출하는 열곡의 폭이 30킬로미터다. 아이슬란드에 가면 육지에 드러난 대서양 중앙해령의 마그마 분출 열곡을 볼 수 있

약 9000만 년 전에 인도 대륙이 아프리카에서 분리되어 이동해 아시아 대륙과 충돌했다. 인도판과 아시아판의 충돌로 티베트고원이 융기하고, 일본열도가 아시아판에서 분리되어 2500만 년 전에 동해가 생성되었다.
출처: 가와하타 호다까, 《지구표층환경의 진화》, 도서출판 씨.아이.알, 2012, 194쪽.

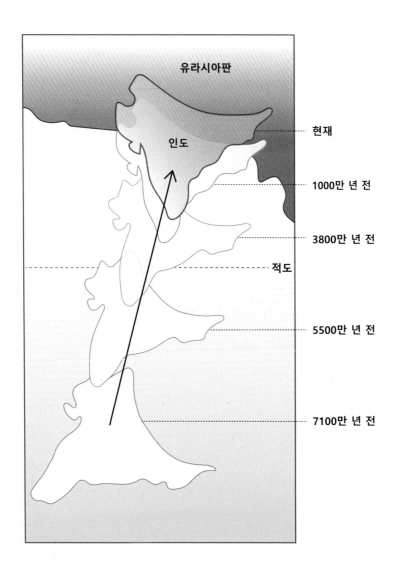

다. 대서양 중앙해령에서 분출한 마그마가 식으면서 굳어져 형성되는 현무암 해양 지각이 중생대 쥐라기부터 신생대 에오세까지 지속적으로 생성되었고, 그 결과 대서양은 해마다 2센티미터 정도씩 넓어져서 현재의 폭으로 성장했다.

태평양은 2억 1000만 년 전 판게아가 형성될 당시 가장 컸지만, 중생대부터 대서양이 확장되면서 줄어들고 있다. 태평양은 고생대 이전 원생대에 2억 년 동안 존재했고 고생대에서 현재까지 5억 년 동안 유지되고 있다. 하지만 앞으로 1억 년 안에 사라질 것으로 예상된다. 따라서 태평양의 수명은 대략 8억 년이다. 현재 호주 대륙이 매년 8센티미터의 빠른 속도로 북상하므로 5000만 년 후면 호주 대륙과 알래스카가 충돌할 것이다.

신생대에 일어난 두 번째 중요한 지질 사건은 인도판과 아시아판의 충돌이다. 약 1억 년 전 중생대 백악기에 인도가 아프리카 대륙에서 분리되어 매년 20센티미터씩 북상했다. 분열 초기에 함께 이동하던 마다가스카르는 이동을 멈추고 아프리카 부근에 자리를 잡았다. 인도 아대륙이 북상하면서 테티스해의 해양판은 지속적으로 대륙 지각인 인도판 아래로 섭입되어 소멸했다. 5000만 년 전 에오세에 인도판은 아시아판과 충돌하기 시작했고, 3000만 년 전 올리고세에 히말라야산맥이 3000미터 정도로 솟아올랐다. 테티스해의 해양판이 섭입되어 녹으면서 이산화탄소가 방출되었고, 그 이산화탄소가 온실효과를 일으켜 팔레오세에서 에오세 중기까지 지구의 온도는 백악기와 같은 수준으로 높게 유지되었다.

히말라야산맥 융기로 노출된 화강암이 빗물로 풍화되었고, 그로 인해 대기 중의 이산화탄소가 감소해 에오세 중기부터 지구 기온은 약 1000만 년 동안 지속적으로 하강했다. 조산운동으로 융기한 산맥이 빗물로 풍화되면 이산화탄소가 감소하여 지구 기온이 낮아진다. 이 과정은 이산화탄소가 빗물에 녹아들어 약산성인 탄산이 되는 $H_2O + CO_2 \rightarrow H_2CO_3$ 과정이다. 즉, 대기 중에 있던 이산화탄소가 빗물에 녹아 탄산이 되면서 시작된다. 또한 탄산은 규산염 광물에서 장석을 녹인다. 결국 규산염 광물의 풍화로 이산화탄소가 소모됨으로써 온실효과가 감소하여 지구 기온이 낮아지는 것이다. 다시 말해 탄산에 의해 화강암의 주요 구성 광물인 장석이 녹으면 이산화탄소가 중탄산염으로 전환해 결국 대기 중 이산화탄소가 감소되어 온실효과가 줄어든다. 히말라야와 안데스 같은 높은 산맥이 융기하면 화강암이 노출되어 빗물에 풍화된다. 이 과정을 통해 대기 중 이산화탄소가 감소한다. 에오세 후기부터 지구 기온은 1000만 년 동안 지속적으로 하강했고, 산맥들이 급격히 융기한 마이오세 후기부터는 기온이 더 급속하게 낮아졌다.

신생대 지질 사건에서 지중해와 홍해가 만들어지는 과정은 바다의 생성과 소멸에 관한 윌슨 사이클로 이해할 수 있다. 테티스해 소멸 과정은 지중해 생성 과정과 맞물려 있다. 지중해는 마이오세 마지막 시기인 메시나절에 대서양과 완전히 분리되어 대규모로 바닷물이 증발해 소금 사막이 되었다. 이를 메시니안 염분 위기Messinian Salinity Crisis라 한다. 즉 600만 년 전 지브롤터해협이 닫히고 550만 년 전 완전한 소금사막이 된 것이다. 그러다 530만 년 전 다시 지브롤터해협이 열리면서 소금이 바닷물에 녹았다.

지중해가 증발하면 약 70미터의 암염층이 생긴다. 이렇게 지중해에 바닷물이 들어오고 나가는 일이 40회 정도 반복되었다. 그 때문에 메시나절의 암염층은 거의 3000미터 두께에 달한다. 홍해는 약 300만 년 전 플라이오세에 아프리카에서 아라비아반도가 분리될 때 생겼다. 홍해도 마찬가지로 상승하는 슈퍼플룸의 영향에 따라 대륙판에 균열이 발생하면서 생긴 바다다. 파나마지협은 약 450만 년 전부터 닫히기 시작해 250만 년 전에 완전히 연결되었다. 두 대륙이 연결되면서 멕시코 만류가 북극해까지 북상하면서 찬공기를 만나 눈이 되어 내려 북극 지역에 빙하가 발달하기 시작했다.

신생대 올리고세부터 남극 대륙에 빙하가 생기고, 250만 년 전부터 지구 대륙의 30퍼센트가 빙하로 덮이는 대빙하 시대가 시작되었다. 출처: 가와하타 호다까, 《지구표층환경의 진화》, 도서출판 씨.아이.알, 2012, 194쪽.

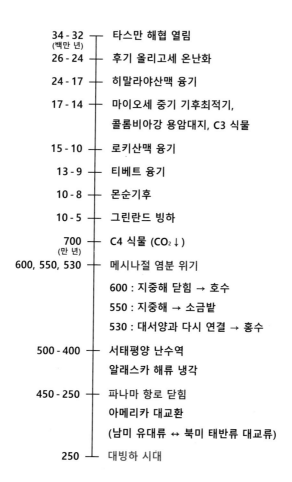

34 - 32 (백만 년)	타스만 해협 열림
26 - 24	후기 올리고세 온난화
24 - 17	히말라야산맥 융기
17 - 14	마이오세 중기 기후최적기, 콜롬비아강 용암대지, C3 식물
15 - 10	로키산맥 융기
13 - 9	티베트 융기
10 - 8	몬순기후
10 - 5	그린란드 빙하
700 (만 년)	C4 식물 (CO_2↓)
600, 550, 530	메시나절 염분 위기
	600 : 지중해 닫힘 → 호수
	550 : 지중해 → 소금밭
	530 : 대서양과 다시 연결 → 홍수
500 - 400	서태평양 난수역 알래스카 해류 냉각
450 - 250	파나마 항로 닫힘 아메리카 대교환 (남미 유대류 ↔ 북미 태반류 대교류)
250	대빙하 시대

8   기후변화와 밀란코비치 주기

남극 대륙에서는 3500만 년 전부터 빙하가 성장했고, 북극해는 250만 년 전부터 빙하로 덮였다. 신생대 플라이스토세부터 지구는 대빙하 시대로 진입했다. 250만 년 전 지구 대륙 면적의 30퍼센트가 두께 1킬로미터 이상의 빙하로 덮이고, 간빙기인 현재도 대륙 면적의 10퍼센트는 빙하로 덮여 있다. 250만 년 전부터 주기적으로 반복하는 빙하기를 이해하는 데는 밀란코비치 주기가 핵심이다. 유고슬라비아의 학자 밀루틴 밀란코비치Milutin Milanković는 지구의 기온이 태양광 입사량의 변동 주기와 관련 있음을 증명하고자 했다. 그는 지난 60만 년 동안 북위 65도 지역의 하지 태양광 입사량을 계산했다. 그는 지구 공전 궤도 이심률의 10만 년 주기, 지구 자전축이 22도에서 24.5도로 바뀌는 4만 1000년 주기, 지구 자전축 세차운동의 2만 3000년 주기의 함수로 태양광 입사량의 변화를 계산했다. 그 결과를 그래프로 표시하자 북위 65도 지역의 하지 태양광 입사량이 10만 년 주기로 뚜렷한 변화를 보였다.

10만 년 주기로 변동하는 밀란코비치 주기의 발견은 처음에 주목을 받다가 1970년대 잠시 잊혔다. 그 후 해저 지질 탐사를 통해 밀란코비치 주기와 비슷한 주기를 갖는 지질 현상이 발견되면서 밀란코비치 주기는 기후학의 핵심이 되었다. 남극 빙하 속 공기 방울의 이산화탄소 농도, 해저 퇴적물의 탄소 동위원소비, 대륙 빙하의 소멸과 성장 주기가 모두 밀란코비치 주기와 일치함이 밝혀지면서, 밀란코비치 주기는 빙하와 해양 시추를 통해 부활했다. 대륙 빙하의 성장과 소멸이 10만 년의 밀란코비치 주기

밀란코비치 주기는 60만 년간의 북위 65도 지역 여름 하지 일사량의 변화를 계산한 결과다. 지구의 이심률 주기, 세차운동 주기, 자전축 기울기 변화 주기가 결합해 약 10만 년 주기로 빙하기가 출현한다. 출처: 오코우치 나오히코, 《얼음의 나이》, 계단, 2013, 100쪽.

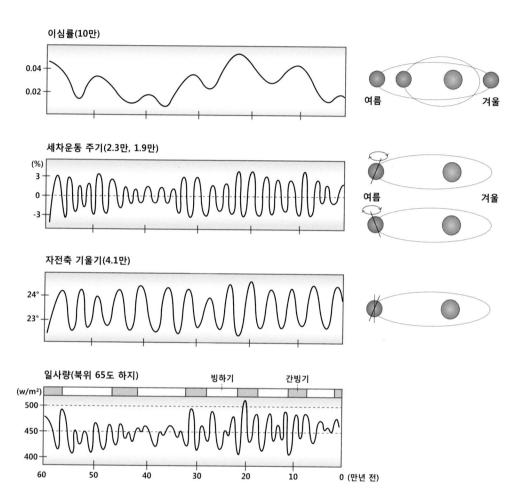

를 따른다는 사실은 빙하기를 이해하는 데 핵심이다.

기온이 낮으면 이전 해에 쌓인 눈이 이듬해 여름에도 완전히 녹지 않은 상태에서 해마다 눈이 조금씩 더 쌓인다. 이 간단한 조건을 만족하는 모든 곳에서 빙하가 생길 수 있다. 뉴질랜드는 온대 기후에 속하는 나라지만 빙하가 여러 개 있다. 2017년 뉴질랜드 남섬의 빙하를 탐색해보니 빙하 근처까지 기온이 온난했다. 연간 6미터나 될 정도로 강수량이 높은 뉴질랜드는 산 중턱에서는 비가 내리지만 산 정상 부근에는 눈이 내린다. 온대 상록지대에 위치한 뉴질랜드 남섬에는 높은 산에 내린 기록적인 폭설이 여름까지도 모두 녹지 않는다. 눈은 매년 빙하가 되어 산을 타고 흘러내려서 20킬로미터 길이의 빙하를 만든다. 이처럼 빙하는 녹지 않은 눈이 수만 년 쌓여 만들어진다.

여름 하지는 태양광 입사량이 가장 많은 날이고, 북위 65도는 북반구 한가운데다. 지구 기후를 결정하는 중요한 조건은 적도와 극지방의 온도 차이다. 극지역이 빙하로 덮이면 적도와의 기온 차이가 60도로 커지고 바람의 세기가 강해진다. 극지방에 빙하가 없으면 적도와의 기온 차이가 30도 정도가 되어 지구 전체의 기온 변동이 약화된다. 중생대에 빙하기가 없는 이유는 중생대 대부분의 기간에 존재한 판게아 초대륙이 적도를 중심으로 위치해 남극과 북극에 대륙이 존재하지 않았기 때문이다. 남극 부근에 대륙 없이 바다만 존재하면 일사량이 부족해져 바다 빙하인 해빙이 생기지만, 파도와 바람으로 해빙이 흩어지기 때문에 거대한 빙하가 생기기 어렵다. 판게아가 분열할 때 남극 부근에 대륙이 생겼다. 이것이 호주와 남미에서 분리되면서 올리고세 초부터 남극 대륙에 빙하가 발달하기 시작했다.

밀란코비치의 10만 년 주기 이론은 남극 대륙의 빙하 기지인 돔C에서 시추한 빙하 코어 속 공기 방울을 분석해 얻은 결과다. 이를 바탕으로 한스 외슈거Hans Oeschger는 대기 속의 이산화탄소 농도가 200ppm에서 280ppm으로 10만 년 주기로 변화함을 밝혀냈다. 이산화탄소 농도 변화의 10만 년 주기는 밀란코비치의 일사량 변화 주기와 일치하기 때문에 이산화탄소 농도 변화와 지구 기온의 상관관계가 분명히 드러났다.

밀란코비치 주기에서 어려운 점은 일사량에 더 큰 영향을 미치는 자전축과 세차운동 주기보다 공전 궤도의 이심률 변화 주기인 10만 년이 어떻게 빙하 주기와 일치하는가에 대한 설명 부분이다. 지금까지 이해한 바로는, 지구 기후 시스템이 복합적인 비선형 시스템이란 점이다. 이심률, 자전축 기울기, 세차운동 모두가 다른 가중치로 일사량에 기여하지만 지구 기온은 이 세 변수의 상호 영향으로 비선형 함수가 될 수 있다. 지구 기온의 비선형성으로 인해 세 가지 변수 중 실제 태양광 입사량에 끼치는 영향이 미약한 이심률의 10만 년 주기가 지난 100만 년 동안 빙하기의 주기와 일치하게 되었다고 추정한다.

9 지구의 대빙하 시대

밀란코비치 빙하 주기는 지난 100만 년 동안에만 적용된다. 해양 바닥의 지층을 시추한 결과 지난 250만 년 동안 빙하기와 간빙기가 최소 32회 주기적으로 발생했음이 밝혀졌다. 약 250만 년 전에서 100만 년 전까지는 4만 1000년 주기로 빙하기-간빙기 주기가 존재했으며, 100만 년 전에서 현재까지는 빙하기-간빙기 주기가 10만 년의 밀란코비치 주기를 따랐다. 빙하기 주기가 약 100만 년 기준으로 이전과 바뀌는 중기 플라이오세 변환을 거치면서 밀란코비치 주기가 명확해졌다.

약 250만 년 전부터 북극해에 빙하가 덮여 남극과 북극 지역에 모두 빙하가 존재하는 대빙하 시대가 되었다. 북극해의 빙하는 파나마지협이 닫히기 시작하는 400만 년 전부터 발달하기 시작했다. 파나마지협이 닫히는 바람에 염도가 높아져 무거워진 적도 부근의 멕시코 만류가 북대서양 그린란드 앞바다에서 수증기를 방출하고 온도가 내려가 무거운 바닷물이 되었다. 그린란드 앞바다에서 방출된 수증기는 차가운 공기를 만나 눈으로 바뀌면서 적설량이 많아져 빙하가 자리 잡기 시작했다. 다시 말해 멕시코 만류가 북쪽으로 올라가 온도가 낮아짐에 따라 무거워졌고, 그린란드 바다에서 수직으로 하강하여 북대서양 심층수가 되었다. 이 북대서양 심층수와 남극 저층수가 순환하면서 그린란드와 북극해 지역의 적설량이 증가했고, 이로써 지구에서는 250만 년 전부터 대빙하 시대가 시작되었다.

북극해에서 발달하던 빙상이 시베리아와 북아메리카까지 확산되면서 250만 년 전 캐나다와 미국 오대호 지역을 중심으로 로렌타이드 빙하가 대서양 표층수는 더운 적도 부근에서 증발해 소금 농도가 높아져 무겁고 온도가 높은 멕시코 만류가 된다. 멕시코 만류는 북상하여 그린란드의 찬 공기를 만나고, 대량의 수증기를 만들어 눈이 되어 내리면서 그린란드 빙하가 형성되었다.

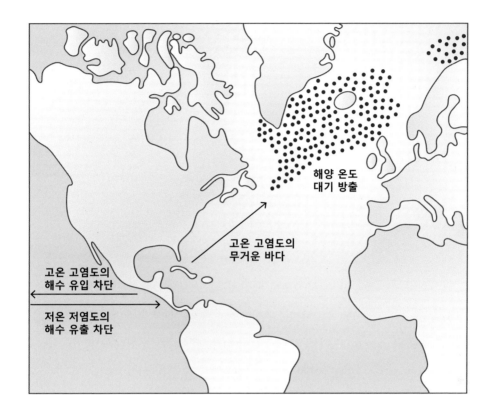

형성되었다. 로렌타이드 빙하는 남극 대륙 빙하보다 더 크게 성장했다. 가장 최근의 간빙기인 엘름 간빙기는 13만 년 전에서 11만 5000년 전 사이 1만 5000년 동안 지속되었고, 11만 5000년 전부터 1만 1000년 전까지가 가장 최근의 빙하기다. 1만 1000년 전부터 현재까지는 홀로세 간빙기다. 홀로세 간빙기 동안 지구의 기온의 변동폭은 2도 이내로 매우 안정되었다.

최근의 빙하기인 11만 5000년 전부터 1만 1000년 사이의 일부 구간, 약 2만 년 전을 최종빙기 최성기 last glacial maximum(LGM)라 한다. 최종빙기 최성기에는 지구 전체 빙하에서 북미의 로렌타이드 빙하가 35퍼센트, 남극 대륙 빙하가 32퍼센트, 스칸디나비아 빙하가 15퍼센트, 북동아시아 빙하가 9퍼센트, 그린란드 빙하가 5퍼센트, 안데스 빙하가 2퍼센트를 차지했다. 현재 지구의 빙하는 남극 대륙 빙하가 86퍼센트이며 그린란드 빙하가 11퍼센트 정도다.

로렌타이드 빙하는 최종빙기 최성기 이후 홀로세 간빙기 동안 줄어들기 시작하여 약 7000년 전에 완전히 사라졌다. 로렌타이드 빙하의 녹은 물이 고여서 오대호 면적의 두 배나 되는 빙하 호수가 형성되었는데, 그것을 아가시 호수라 한다. 아가시 빙하호는 빙하 연구의 선구자인 루이 아가시 Louis Agassiz의 이름을 딴 것이다. 아가시 빙하호의 물이 흘러넘쳐 남쪽으로 미시시피강이 생겨났고, 서쪽으로 세인트로런스강이 만들어져 허드슨만이 있는 북대서양으로 흘러갔다. 유빙수의 흐름과 함께 로렌타이드 빙하에서 분리된 수많은 작은 빙상들이 수년 만에 북대서양을 가득 채웠고, 빙상과 함께 운반된 암석 조각들이 북대서양 바닥에 퇴적됐다. 빙하가 옮긴 암석들이 약 7000년을 주기로 북대서양 해저에 다섯 번 퇴적됨이 밝혀졌는데, 이를 하인리히 주기라 한다.

북대서양으로 흘러들어간 로렌타이드 융빙수 때문에 바닷물의 염도가 낮아져 물이 가벼워졌다. 홀로세 간빙기 이전부터 로렌타이드 빙하가 녹기 시작하면서 북서대양에 해빙이 가득 차게 되고, 해빙이 녹으면서 염도가 낮아서 해류 순환이 약해지기 시작했다. 마나베 슈쿠로 그룹의 이론적 계산에 의하면 북대서양에 0.1스베드럽의 융빙수가 유입되면 200년 안에 심층수의 온도가 5도 내려간다. 북대서양 심층수는 15스베드럽의 해류 순환으로, 전 지구적 빙하기와 밀접한 관련이 있다. 남극 저층수는 10스베드럽으로, 남극 대륙을 순환하는 차가운 바닷물이 침강해 형성된다. 현재 베링해의 해류는 0.8스베드럽이다. 로렌타이드 빙하가 녹으면서 온난한 북대서양의 해류 순환이 줄어들어 갑자기 북유럽이 한랭한 기후로 바뀔 수 있다.

지구 기온의 점차적인 상승으로 최종빙기 최성기의 빙하가 녹기 시작함에 따라 1만 3000년 전에 북유럽의 기온이 급속히 낮아져 툰트라 지역의 꽃식물이 번성한 현상을 영거드라이아스라 한다. 영거드라이아스 기온 강하는 로렌타이드 빙하가 녹으면서 해류 순환이 줄어든 영향이다. 북대서양 해류 순환이 줄어들면 멕시코 만류가 방출하는 열기가 줄어들어 기온이 내려간다. 바닷물의 총 질량은 대기 질량의 200배나 된다. 그만큼 열용량이 크기 때문에 지구의 기온은 대기보다 바다의 영향을 더 크게 받는다. 일사량의 주기적 변화와 해류 순환은 지구의 기온을 좌우하는 가장 중요한 두 변수다.

남극 저층수와 북대서양 심층수가 서로 연결됨으로써 해양 대순환이 시작되어 해류가 지구 기후 변화의 핵심 요소가 되었다. 출처: https://www.realclimate.org/index.php/archives/2017/01/the-underestimated-danger-of-a-breakdown-of-the-gulf-stream-system.

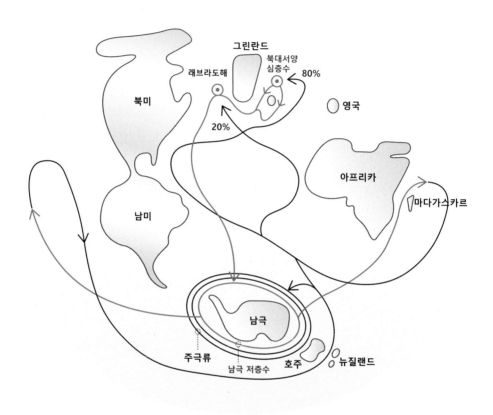

10 요동하는 지구 기후

　　신생대의 가장 중요한 지질 현상은 초대륙 판게아 분열의 가속화다. 백악기 중기부터 신생대 현재까지 1억 년 동안 지구의 모든 대륙은 분열하고 있다. 유럽과 북아메리카가 분리되어 북대서양이 생겼고, 아프리카와 남아메리카 사이에 남대서양이 출현했다. 아프리카, 유럽, 아시아 대륙이 이동하여 테티스해가 사라지고 지중해가 생겨났다. 대서양 바닥 한가운데 위치하는 1만 5000킬로미터의 대서양 중앙해령에서 현무암 마그마가 분출해 해양판이 계속 생성되어 대서양이 확장되었다.

　테티스해의 해양판이 인도판 아래로 섭입되면서 인도 대륙은 아시아판을 향해 북쪽으로 이동했다. 해양판이 섭입되는 과정에서 해양판의 일부가 녹아 마그마가 생기고 이산화탄소를 방출했다. 신생대 팔레오세가 끝나고 에오세가 시작되던 5500만 년 전 해저 지층에 매몰된 메탄가스가 대규모로 방출되는 사건이 일어났다. 해저 화산 활동에 의해 퇴적암 속 얼음 결정 속에 갇혀 있던 메탄가스가 방출된 것이다. 방출된 메탄가스는 산소와 결합해 이산화탄소를 만들어 대기 중으로 방출했다.

　이 사건으로 지구 전체 기온은 수천 년에서 1만 년 안에 6도 정도 상승하고 10만 년이 지나서야 이전 기온을 회복했다. 지구 전체적으로 기온이 6도 상승한다면 열용량 차이로 대륙이 많은 북반구 중위도 지역은 기온이 12도나 올라가고 바다가 많은 적도 지역은 2~4도 정도 상승한다. 이 사건을 팔레오세-에오세 극온난기Paleo-Eocene thermal maximum(PETM)라 하는데, PETM과 해양판의 확장으로 현무암 마그마가 대규모로 범람해 에오세 초기는 지난 5억 년 동안 가장 높은 기온을 기록했다. 에오세 중기 이후는 해양판의 확장 속도가 줄어들고 올리고세까지 1000만 년 동안 온도가 낮아졌다. 3000만 년 전 에오세 후기에 히말라야산맥이 융기하면서 규산염 암석의 풍화로 대기 중 이산화탄소 농도가 서서히 줄어들었다. 올리고세가 시작하는 3400만 년 전부터 남극 대륙과 호주 대륙이 분리되면서 남극 대륙에 빙하가 출현했다.

신생대 팔레오세와 에오세 초기까지는 중생대 백악기의 기후와 비슷하게 높은 온도를 유지했다. 그러다 에오세 중후반부터 대기 중 이산화탄소 농도가 감소해 올리고세 초기에 450ppm에 이를 정도로 신생대 기후는 중생대와 확실히 달라졌다. 올리고세에 남극 대륙이 완전히 고립되고 마이오세에는 히말라야산맥, 안데스산맥, 티베트고원이 융기하면서 지구 기온은 더 냉각되어 남극 대륙 전체가 빙하로 덮였다.

마이오세에는 조산운동에 따른 대륙 지각의 풍화가 가속되어 대기 중 이산화탄소 농도가 낮아지고 기온이 약간 하강하면서 일정해졌다. 마이오세는 2300만 년 전에서 500만 년 전까지 1800만 년간 지속된 긴 기간으로, 이 시기에 전 지구적으로 대초원이 생겨나고 초식동물이 번성했다. 에오세가 중생대의 생태 환경과 비슷했다면 마이오세부터는 신생대 후반의 기후 특징인 낮은 기온의 시기로 접어들었다.

플라이오세가 시작하는 500만 년 전부터는 남극 대륙과 북극해 모두 빙하 시대로 접어들었다. 250만 년 전 플라이스토세부터 홀로세 현재까지 지구는 빙하기와 간빙기가 32번이나 나타났다. 지난 40만 년 동안 대기 중 이산화탄소 농도가 빙하기에는 200ppm, 간빙기에는 280ppm이었다. 현재는 1만 1000년 전부터 시작한 홀로세 간빙기다. 1980년까지 기후 학자들에게는 언제 홀로세 간빙기가 끝나고 다시 빙하기가 시작될지가 중요한 로렌타이드 빙하에서 북대서양으로 빙하들이 유입되고, 빙하가 운반한 암석 조각들이 다섯 번의 주기로 해저에 퇴적되는 현상이 약 7000년 간격의 하인리히 주기다. 하인리히 주기와 함께 약 1500년 간격으로 지구 온도가 급격히 변동하는 단스고르–외슈거 주기가 있다. 지난 1만 년의 홀로세 간빙기에도 여섯 번의 단스고르–외슈거 주기가 있었다. 출처: http://www.ces.fau.edu/nasa/module-3/temperature-changes/exploration-2.php.

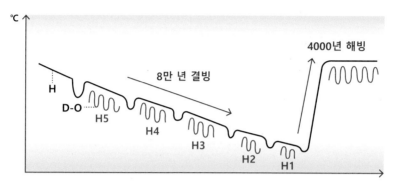

H: 하인리히 주기
D-O: 단스고르-외슈거 주기

관심사였다. 43만 년 전의 간빙기는 2만 8000년 동안 지속되었고 해수면이 현재보다 15미터나 높았다.

홀로세 바로 이전의 간빙기는 엘름 간빙기라 하는데, 13만 년 전에서 11만 5000년 전까지 1만 5000년 동안 지속되었다. 홀로세 간빙기가 이전과 비슷하다면 앞으로 4000년 후면 다시 빙하기가 올 수 있다. 기후 변동은 비선형이므로 예측하기 어려워서 바로 이전의 빙하기인 11만 5000년 전에서 1만 1000년 전 사이에 24회의 단기간 기후 급변동 사건인 단스고르-외슈거 주기가 반복되었다. 이렇게 빙하기 후반에 로렌타이드 빙하의 일부가 북대서양으로 유입되면서 멕시코 난류의 흐름이 약화되어 북반구 기온이 급격히 내려간 사건을 하인리히 주기라 한다.

하인리히 주기는 약 7000년 주기의 빙하기 기후 변동으로, 지금까지 다섯 차례 반복되었다. 반면 단스고르-외슈거 주기는 24회나 반복해 일어난 기온 급변 사건으로, 약 1500년 사이에 10도나 기온이 상승하다 하강하는 급격한 변화가 빙하 코어에서 측정되었다. 하인리히 주기는 빙하기에만 발생하며, 단스고르-외슈거 주기는 빙하기와 간빙기 모두에서 발생한다. 단스고르-외슈거 주기는 간빙기에도 일어났으며, 1만 년 동안 지속된 홀로세 간빙기에도 여섯 차례나 있었다. 이렇게 급격한 온도 변화에 비해 홀로세 간빙기 1만 년 동안 지구 기온은 2도 이내로 거의 변동 없이 일정하게 유지되었다.

1980년대까지는 다가올 빙하기를 걱정했지만 그 후 30년 사이 지구 온난화 현상으로 기후에 대한 인식이 크게 바뀌었다. 현재의 지구 온난화는 인간의 화석연료 사용이 급증하면서 생긴 결과다. 고생대 석탄기에 대규모로 만들어진 석탄을 산업혁명 이후 300년간 에너지원으로 불태워 대기 중으로 이산화탄소를 방출하면서 생긴 현상이다. 간빙기에는 이산화탄소 농도가 280ppm이었지만 현재는 400ppm을 초과하여 급속히 증가하고 있다.

우리나라 안면도에서 측정한 이산화탄소 농도는 1999년에 369ppm이었지만 2020년에는 420ppm으로 급격히 증가했다. 현재의 지구 온난화는 10만 년 주기로 빙하기와 간빙기가 반복되는 밀란코비치 주기와 관련이 없다. 최근 수십 년간의 지구 온난화는 태양광 입사량의 주기적 변동과는 별개로 급속히 진행되고 있다. 이는 인간이 만든 현상이다. 산업화의 결과로 급속히 증가하는 대기 중의 이산화탄소 농도를 줄이지 않으면 지구 온난화는 걷잡을 수 없이 가속될 것이다.

11   암석은 어떻게 만들어지는가?

화성암은 마그마가 식어서 지하와 지상에서 만들어지는 암석이다. 대부분의 암석은 마그마가 굳어져 만들어진다. 마그마에서 출발하지 않는 암석에는 석회암, 석고, 암염, 석탄이 있다. 석회암은 생물학적 퇴적암이며, 석고와 암염은 바닷물이 증발하여 생긴 증발 잔류암이고, 석탄은 식물이 매몰되어 만들어진 퇴적 변성암이다. 마그마가 지하 수십 킬로미터에서 식어서 암석이 되면 심성암이라 하고, 지상으로 분출해 굳어지면 분출암이라 한다.

대부분의 화성암에는 이산화규소(SiO_2)가 50퍼센트 이상 존재하는데, 암석은 이산화규소 함량이 많은 순서로 화강암, 안산암, 현무암으로 구분된다. 마그마의 온도가 수십 킬로미터 지하에서 서서히 식어가면서 반려암, 섬록암, 화강암의 심성암이 만들어지고, 지상으로 분출하여 급속이 굳어져서 현무암, 안산암, 유문암이 된다.

현무암과 반려암의 성분 조성은 동일하지만, 현무암은 분출암이며 반려암은 심성암이다. 현무암에는 철과 마그네슘이 많은데, 특히 철이 많아서 검고 단단하다. 현무암은 분출할 때 간혹 맨틀의 감람석olivine을 포획한다. 감람석은 상부 맨틀의 주요 광물로, 올리브 잎과 같은 초록색을 띤다. 종종 검은 현무암에 녹색의 감람석이 보이기도 한다. 암석은 광물로 구성되는데, 현무암, 안산암, 화강암 등 화성암을 구성하는 광물은 감람암, 휘석pyroxene, 각섬석amphibole, 운모mica, 장석 feldspar, 석영quartz이다. 운모에는 백운모muscovite와 흑운모biotite가 있는데, 백운모는 열과 압력으로 변성하므로 마그마에서 생성되는 화성암이 풍화되고 퇴적되어 퇴적암이 된다. 퇴적암이 높은 온도와 압력으로 특성이 변화되면 변성암이 된다.

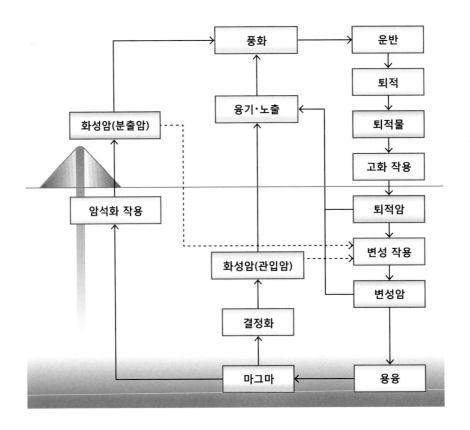

많이 존재하지 않지만 흑운모는 화강암에 흔하다. 장석은 광물 중에 가장 많아서 암석 성분의 60퍼센트 정도가 장석이다.

　화성암 성분에서 가장 많은 장석은 결정이 수직으로 쪼개지는 정장석 orthoclase feldspar과 결정이 경사각으로 쪼개지는 사장석 plagio feldspar으로 구분되는데, 정장석을 칼륨 장석이라 한다. 사장석은 칼슘 장석과 나트륨 장석으로 구분되는데, 달 표면에 밝게 보이는 곳이 두께 6킬로미터의 칼슘 장석이다. 현무암은 이산화규소 함량이 42~50퍼센트이고, 철과 마그네슘 함량이 높을 때는 고철질mafic이라 한다.

안산암은 분출암이고 섬록암은 심성암인데, 두 암석 모두 이산화규소가 52~63퍼센트 정도로 중간 정도의 함량이어서 중성암이라 한다. 안산암은 영어로 andesite인데 안데스산맥에서 흔해서 붙은 이름이며, 해양판이 대륙판으로 섭입하는 조산운동 지역에서 대규모로 만들어진다. 광주 무등산은 해발 400미터까지는 안산암이며, 400미터에서 정상까지는 석영안산암이다. 화강암과 유문암은 성분이 같고 이산화규소 함량이 70퍼센트 정도로 높으며, 녹는 온도가 700도 정도로 낮고 점성이 높다. 마그마의 점성이 높으면 화산 분출로 높고 뾰족한 화산이 생기고, 점성이 낮은 현무암질 마그마가 분출하면 화산의 경사가 완만해진다. 점성이 낮은 현무암이 대륙과 해양 바닥에서 대규모로 범람하는 현상이 바로 현무암 홍수다.

현무암과 화강암은 지구의 대표적인 암석으로 석영, 운모, 장석, 휘석의 광물로 구성된다. 광물 결정을 분자식으로 표현하면 광물의 구성 원자에 대한 정보가 분명해진다. 암석은 광물로 구성되고, 화성암을 구성하는 광물은 주로 금속 산화물이다. 화강암을 구성하는 조암 광물은 석영, 장석, 운모이며 현무암의 조암 광물은 감람암, 휘석, 각섬석, 사장석이다. 화성암을 이산화규소 함량이 낮아지고 녹는 온도가 높아지는 순서에 따라 (심성암, 분출암) 식으로 나열하면 (네플린, 불석), (섬장암, 조면암), (화강암, 유문암), (화강섬록암, 데사이트), (토날라이트, 석영안산암), (섬록암, 안산암), (감람암, 코마티아이트), (두나이트)가 있다. 두나이트dunite는 대부분 감람암으로 구성되며 지하에서 굳어지는 심성암만 존재한다.

화성암igneous rock을 구성하는 광물은 산소 음이온(O²⁻)와 금속 양이온(Na⁺,

현무암질 마그마는 유동성이 높아 홍수처럼 범람한다. 점성이 낮은 현무암이 대륙과 해양 바닥에서 대규모로 범람하는 현상이 바로 현무암 홍수 사건이다. 안산암은 이산화규소 함량이 중간 정도라 중성암으로 분류된다. 이산화규소는 실리콘 원자 1개에 산소 원자 2개가 결합한 화합물이다. 지구 맨틀과 지각은 대부분 이산화규소로 구성되어 있으며 유리, 흑요석, 수정, 모래의 주성분도 이산화규소다. 화강암질 마그마는 이산화규소 함량이 70퍼센트 정도로 높아서 점성이 크다. 화강암질 마그마가 분출해 지표에서 굳어지면 유문암이 된다. 유문암과 화강암은 결정 크기만 차이가 있고 화학적 조성은 동일하다. 출처: Classification and Flow Characteristics of Volcanic Rocks, Illustration by J. Johnson.

	현무암	안산암	석영안산암	유문암
이산화규소 함유율	48-52%	52-63%	63-68%	68-77%
분화 온도	1,160℃			900℃
용암 흐름의 이동성	낮은 저항 (얇고 묽은 용암)			높은 저항 (두껍고 끈적한 용암)
	용암의 이동성 감소 ⟶			

Mg^{2+}, K^+, Ca^{2+})이 이온결합으로 만드는 산화 광물이다. 금속 원자끼리는 금속결합, 비금속 원자끼리는 공유결합, 금속과 비금속은 이온결합한다. 비금속 산소 원자는 금속 원자에서 전자 2개를 획득하여 음이온이 되고 금속 원자는 전자 2개를 산소 원자에게 주고 금속 양이온이 된다. 화성암을 구성하는 산화 광물을 지각에 풍부한 순서로 나열하면 이산화규소(SiO_2), 산화알루미늄(Al_2O_3), 산화철(Fe_2O_3), 산화나트륨(Na_2O), 산화마그네슘(MgO), 산화칼륨(K_2O), 산화칼슘(CaO)이다.

20억 년 전 1차 산소혁명으로 대기에 산소 농도가 1퍼센트 정도 축적되면서 지구 표층에 약 3000종류의 새로운 산화 광물이 출현했다. 이 산화 광물들은 대기 중에 산소가 존재하는 지구에만 존재하고, 태양계 다른 천체에서는 다양한 종류가 발견되지 않는다. 운석에는 약 60개, 화성에는 약 500개의 광물이 존재한다. 토양에 풍부한 산화알루미늄, 산화철과 수산화철($Fe(OH)_3$)은 흙의 색깔을 결정한다. 지각과 토양은 모두 광물에서 생겨난다. 광물의 분자식에 익숙해지면 암석학과 생물학의 관계가 더욱 밀접하게 느껴진다. 생물과 광물은 원자 수준에서 핵심적인 10개 정도의 동일한 원자를 사용한다. 그래서 생물학은 광물학과 만나게 된다.

화강암, 안산암, 현무암은 마그마에서 생성되는 화성암이다. 화성암을 구성하는 조암 광물에는 감람석, 휘석, 각섬석, 운모, 장석, 준장석이 있다. 구성 조암 광물의 비율을 알면 화성암을 식별할 수 있다. 화강암은 석영, 장석, 운모로 구성되며 현무암은 사장석, 휘석, 감람석으로 구성된다. 출처: Brian Mason, 《지구화학원론》, 교문사, 1993, 147쪽.

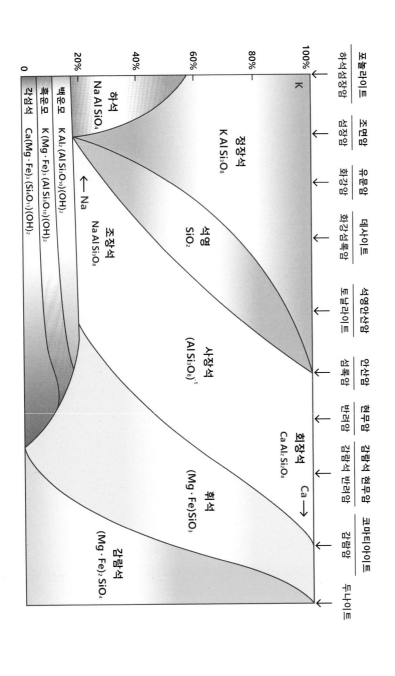

12   광물과 생물의 공진화

초기 지구의 표층에는 광물뿐이었다. 대기, 대양, 대륙 어느 곳에도 생물은 없었다. 최초의 생명체는, 대략 40억 년 전에 출현했다. 수소가 탄소와 결합해 다양한 탄화수소 분자들이 만들어지면서 탄소 중심의 생명 현상이 진화했다. 탄소와 탄소 원자가 공유결합하여 사슬 구조와 고리 형태의 탄화수소 분자들이 생성되고, 이러한 탄화수소 분자들이 세포 속 유기분자들의 골격 구조를 만들었다. 20억 년 이전 지구의 대기와 대양에는 분자 상태의 산소가 존재하지 않았고, 산소 호흡을 하지 않는 원핵세포만 존재했다. 원핵세포는 전자를 획득하고 전자를 방출하는 산화-환원 호흡으로 에너지를 만들었다.

지구에 오존층이 생성되지 않은 약 27억 년 이전 대륙에는 자외선 때문에 생명체가 생존할 수 없었다. 20억 년 전 이후부터 대기 중에 산소가 축적되면서 지각의 광물들이 산소와 결합하여 산화 광물을 대량으로 생성해 왔다. 산화 광물의 대부분은 산소 원자 4개와 규소 원자 1개가 결합한 사면체 결정 SiO_4를 중심으로 만들어진다. 산소는 전자 2개를 획득하는 -2가로 작용하고 규소는 전자 4개를 방출하는 +4가로 작용해 SiO_4의 전하는 $-2 \times 4 + 4 = -4$로 -4가이다. 아무리 작은 광물이라도 전체 전하는 0이므로 SiO_4의 -4가 전하는 중화되어야 한다.

광물이 결합하여 돌과 바위가 되므로 광물의 전하가 0이 아니라면 작은 돌멩이 하나도 전하량이 너무 커서 돌에 닿기만 해도 감전의 위험이 있다. 원자나 분자의 미시세계가 아닌 거시세계 사물들의 전하가 0인 이유는 구성 원자들의 양과 음 전하량이 같아서 전체 전하가 0이 되기 때문이다. 전하 중화charge neutrality를 적용하면 광물의 분자식을 쉽게 알 수 있다. 산화 광물에서 전하가 −4인 SiO_4는 +2의 전하량을 갖는 금속 양이온 Fe^{2+}, Mg^{2+}과 결합하여 Fe_2SiO_4, Mg_2SiO_4로 전하 중성을 만들 수 있다.

규소 산화 광물인 Fe_2SiO_4, Mg_2SiO_4로 구성된 광물이 바로 감람석이다. 감람석은 맨틀의 주요 구성 광물이지만 지표에서는 드물다. 전하 −2인 SiO_3는 +2 전하량의 금속 양이온 Fe^{2+}, Mg^{2+}과 결합하여 $FeSiO_3$, $MgSiO_3$로 전하 중성을 만든다. 규소 산화 광물 $FeSiO_3$, $MgSiO_3$로 구성된 광물이 휘석이다. 현무암의 검고 단단한 알갱이는 주로 휘석이지만 화강암의 검은 알갱이는 흑운모다. 휘석은 현무암의 주요 구성 광물이지만 화강암에는 드물다. 이산화규소는 그 자체로 전하가 중성이다.

이산화규소는 다른 금속 양이온과 결합하지 않고 스스로 망상형 입체 구조의 결정을 만든다. 이산화규소는 지구 맨틀과 대륙 구성 물질의 50퍼센트 이상을 차지하지만 전하가 중성이므로 다른 금속 양이온과 결합하지 않고 순수한 이산화규소 덩어리로 있다.

이산화규소는 지각과 맨틀에서 가장 많은 분자이며, 모래, 유리, 흑요석, 수정, 석영, 사암, 규암의 주성분이다. 20억 년 전부터 대기 중에 산소 분자가 축적되면서 지구 표층이 산화되어 3000여 종의 새로운 광물이 출현하여 지구는 태양계의 행성과 위성에서 가장 다양한 광물이 존재하는 천체가 되었다. 산화규소 광물에서 장석은 −1의 전하를 갖는 $(AlSi_3O_8)^-$이 금속 양이온 K^+, Na^+, Ca^{2+}와 결합하여 전하 중성인 칼륨장석($KAlSi_3O_8$), 나트륨장석($NaAlSi_3O_8$), 칼슘장석($CaAl_2Si_2O_8$)을 만든다.

지각에서 가장 흔한 광물이 바로 장석이다. 대륙에는 화강암이 풍부한데, 화강암은 석영, 장석, 운모의 세 가지 광물로 만들어진다. 화강암을 구

화성암을 구성하는 조암 광물은 주로 금속 양이온과 산소가 결합한 산화 광물로 분해할 수 있다.

광물	분자 조성식	광물	분자 조성식
석영	SiO_2	투휘석	$CaO \cdot (Mg,Fe)O \cdot 2SiO_2$
강옥	Al_2O_3	규회석	$CaO \cdot SiO_2$
지르콘	$ZrO_2 \cdot SiO_2$	자소휘석	$(Mg,Fe)O \cdot SiO_2$
정장석	$K_2O \cdot Al_2O_3 \cdot 6SiO_2$	감람석	$2(Mg,Fe)O \cdot SiO_2$
조장석	$Na_2O \cdot Al_2O_3 \cdot 6SiO_2$	규산이칼슘	$2CaO \cdot SiO_2$
회장석	$CaO \cdot Al_2O_3 \cdot 2SiO_2$	자철석	$FeO \cdot Fe_2O_3$
백류석	$K_2O \cdot Al_2O_3 \cdot 4SiO_2$	크로뮴철석	$FeO \cdot Cr_2O_3$
하석	$Na_2O \cdot Al_2O_3 \cdot 2SiO_2$	타이타늄철석	$FeO \cdot TiO_2$
칼리하석	$K_2O \cdot Al_2O_3 \cdot 2SiO_2$	적철석	Fe_2O_3
암염	$NaCl$	설석	$CaO \cdot TiO_2 \cdot SiO_2$
망초석	$Na_2O \cdot SO_3$	페로브스키석	$CaO \cdot TiO_2$
탄산나트륨	$Na_2O \cdot CO_2$	금홍석	TiO_2
추휘석	$Na_2O \cdot Fe_2O_3 \cdot 4SiO_2$	인회석	$3CaO \cdot P_2O_5 \cdot 1/3CaF$
메타규산나트륨	$Na_2O \cdot SiO_2$	형석	CaF_2
메타규산칼륨	$K_2O \cdot SiO_2$	황철석	FeS_2
방해석	$CaO \cdot CO_2$		

성하는 석영, 장석, 운모에서 장석이 빗물에 녹으면 석영과 운모로 분리되는데, 이 과정이 바로 풍화다. 장석이 빗물에 녹으면서 금속 양이온들이 결정에서 빠져나와 바다로 흘러 들어간다. 바닷물 속에 풍부한 칼슘 이온과 나트륨 이온은 약 40억 년 전 최초의 원핵세포 속으로 확산되어 세포 생화학 작용의 핵심 이온으로 작용했다.

세포 속 유기물은 광합성의 결과로 만들어지는 포도당에서 생성되는 탄화수소 구조에 질소, 산소, 인, 황이 결합한 화합물이다. 탄화수소 유기물과 질소가 결합해 20가지 아미노산이 출현하고, 아미노산이 결합해 단백질을 만든다. 아미노산을 결합하는 순서 정보가 바로 DNA 속의 유전자다. DNA가 생명정보를 저장하고 단백질이 생화학 반응을 촉진하는 생체 촉매로 작동하면서 세포의 생화학 진화는 가속되었다.

세포 속 탄화수소 분자들과 광물에서 빠져나온 금속 양이온들이 결합하여 생화학 작용이 일어난다. 그러므로 생물의 진화는 본질적으로 광물학적 현상이다. 초기 지구에서 대륙이 급속히 성장함에 따라 25억 년 전 원생대 때 대륙이 현재의 크기와 비슷해졌다. 조산운동으로 산맥이 출현했으며, 강물에 의한 대륙 지각의 침식이 진행되었다. 토양은 대륙 지각이 풍화되어 생성된 광물에서 만들어진다.

토양은 흙, 모래, 자갈로 이루어져 있는데, 흙은 모래보다 작은 광물 결정이 주성분이다. 흙의 구성 성분은 공기 25퍼센트, 물 25퍼센트, 유기물 5퍼센트, 광물 45퍼센트다. 흙을 구성하는 광물은 주로 카올리나이트kaolinite 혹은 고령석인데, 이는 알루미늄 규산염 광물이다. 흙을 구성하는 광물은 운모처럼 판상으로 쪼개지는 층상 구조의 광물이며, 흙을 고배율의 전자현미경으로 보면 광물 결정의 층상 구조가 보인다. 그래서 흙은 일정한 형태 없이 부서지는 더미가 아니라 규칙적인 층상 결정구조를 이루고 있는 광물이 구성 요소다. 장석 성분이 많은 화강암 지각이 분해해 물, 공기, 유기물이 첨가되어 토양층이 생긴다.

20억 년 이전 지구 대륙에는 생명체가 거의 없었다. 고생대 실루리아기부터 녹조류에서 육상식물이 진화하고 절지동물이 육상으로 진출했다. 약 3억 7000만 년 전 고생대 데본기에 최초로 양치식물 숲이 강가에서 번성해 대륙에 본격적으로 토양층이 나타났다. 식물이 없을 경우 빗물에 의해 분해된 암석들이 토양이 되지 못한 채 모두 씻겨져 사라지지만, 식물이 숲을 이루면 식물 뿌리와 빗물에 의해 분해된 광물이 유기물과 결합하여 토양층이 생성된다. 고생대 이후 지난 5억 년간의 지구 표층 환경 변화의 두 핵심 사건은 광물과 생물의 공진화와 토양층의 생성이다.

풍화작용으로 암반에서 모래, 미사, 점토가 만들어진다.

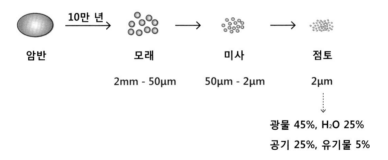

암반　　10만 년 →　모래　→　미사　→　점토

모래　2mm - 50μm

미사　50μm - 2μm

점토　2μm

광물 45%, H_2O 25%
공기 25%, 유기물 5%

13   양성자와 토양의 비옥화

모든 세포는 호흡으로 에너지를 획득한다. 생물의 호흡은 전자의 조절된 이동으로 에너지를 획득하는 과정이다. 세포 속으로 들어간 포도당 분자는 해당 과정을 거쳐 피루브산이 된다. 탄화수소 유기물 분자인 피루브산이 미토콘드리아 내막 속 기질로 입력되어 TCA 회로가 작동한다. 피루브산은 TCA 회로의 작용에서 최종적으로 이산화탄소와 양성자를 방출하고 NADH 분자를 만든다. NADH 분자가 분해되면서 전자 2개를 방출하고, 이 전자들이 미토콘드리아 내막에 삽입된 단백질 사이를 이동한다.

단백질 사이로 전자가 이동할 때 양성자들도 막간 공간으로 확산되어 미토콘드리아 내막과 외막 사이의 막간 공간에 양성자 농도가 증가한다. 농도가 높아진 양성자들은 다시 내막에 삽입된 ATP 합성효소 단백질에 의해 아데노신디포스파이트Adenosine Diphosphite, 즉 ADP 분자에 인산기를 결합하여 ATP 분자를 만든다. 이처럼 세포 호흡은 포도당에서 생성된 탄소 유기물이, 미토콘드리아의 TCA 과정에서 생성된 전자가 막에 삽입된 호흡 단백질 사이를 이동하는 과정이다. 그래서 호흡은 전자의 조절된 이동과 양성자의 확산으로 ATP 분자를 생성하는 두 가지 과정의 결합이다.

세포는 호흡으로 생성된 양성자를 세포 외부로 방출할 수도 있다. 식물은 뿌리털로 물과 금속 양이온 무기물을 흡수하여 성장한다. 식물이 성장하는 데 필요한 무기물은 질소(N), 인(P), 칼륨(K), 칼슘(Ca), 마그네슘(Mg), 황(S)이다. 질소는 NO_3^-, NH_4^+ 분자 상태로 전환되어 아미노산, 핵산, 효소의 합성에 사용된다. 인은 $H_2PO_4^-$, HPO_4^{2-} 이온으로 흡수하여 ATP 분자 합성에 사용된다. 칼륨은 K^+ 이온으로 흡수하며, 칼륨 이온은 식물 잎 기공을 여닫는 작용에서 중요하다. 마그네슘 이온 Mg^{2+}은 식물 엽록체를 구성하는 금속 양이온이다. 황은 황 함유 아미노산인 시스테인과 메티오닌 합성에 필요하다. 식물에서 질소, 인, 칼륨은 1차 영양소이며 칼슘, 마그네슘, 황은 2차 영양소다. 식물이 자신에게 필요한 금속 양이온을 흡수하는 방식은 호흡의 결과다. 이때 발생된 양성자를 뿌리털이 토양으로 방출하고 토양의 흙에 부착된 금속 양이온을 흡수한다.

흙의 미세한 덩어리는 음의 전하를 가지므로 양 이온들이 정전기력으로 흙에 결합한다. 식물의 호흡으로 생겨나는 양성자의 일부는 뿌리털을 통해 흙으로 방출된다. 흙에 양성자가 흡착하면 결합되었던 칼슘, 칼륨, 마그네슘, 나트륨의 금속 양이온이 흙에서 분리되어 뿌리털로 들어간다. 식물이 잘 생장하는 비옥한 토양은 금속 양이온과 양성자의 교환 능력이 높아 식물의 금속 양이온 흡수율이 높아진다. 식물의 생장 과정에서 방출하는 양성자는 토양을 산성화한다. 식물과 동물 세포의 생화학 작용에서는 모두 양성자와 전자의 조절된 이동 현상이 핵심이다.

산에서 나무는 잘 자라지만 풀은 잘 자라지 않고 재배 식물은 생존하기 어렵다. 산에 토양이 척박하고 바위가 많아도 소나무는 잘 자란다. 대부분의 침엽수는 뿌리에 균류가 공생한다. 균류는 세포들이 연결되어 실처럼 뻗어나가는 1차원적 생명체다. 균류의 실처럼 자라나는 세포 연결이 균사이며 균사가 덩어리져 땅 위로 솟아난 것이 버섯이다. 소나무에 기생하는 균사체가 송이버섯이다. 균사를 만드는 세포가 분리되어 단세포 상태이면 효모균이 되고, 균사가 몇 개의 가지를 만들면 곰팡이가 된다. 효모균은 세균이 아니다.

세균, 박테리아, 원핵세포는 같은 의미다. 효모균은 진핵세포 하나가 그 자체로 생물이며 광합성을 하지 않아 기생으로 영양을 획득하는 종속영양 세포다. 균류는 광합성을 하지 않고 다른 생물에서 영양분을 흡수하므로 땅속 등 빛이 없는 곳에서도 잘 자란다.

송이버섯은 소나무의 뿌리에서 포도당을 흡수한다. 송이버섯은 포도당을 개미산formic acid과 호박산succinic acid으로 바꾸고 이 산성 물질로 주변의 바위를 분해한다. 암석은 분해 과정에서 식물에 필요한 인산과 질산 화합물을 토양으로 방출하는데 식물의 뿌리털이 이를 흡수한다. 지구상 식물의 70퍼센트 정도가 균류와 공생하고 있다. 중생대에 침엽수는 균류와 공생에 성공함으로써 건조하고 척박한 대륙 내부로 진출할 수 있었다.

양치식물은 수분 과정에 물이 필요해서 물가나 습기가 많은 지역에서만 자란다. 중생대에 겉씨식물은 동물의 정자에 해당하는 가루가 바람에 실려 먼 곳까지 확산되어 암술에 도달했다. 그래서 겉씨식물은 건조한 대륙 내부로 생존 영역을 확대했다. 겉씨식물 중 소나무나 잣나무처럼 솔방울을 만드는 구과식물conifers이 중생대에 번성했다. 구과식물의 소나무는 대규모의 숲을 형성해 송홧가루를 확산해서 수정한다. 중생대는 침엽수의 화분이 바람으로 멀리 확산되어 대륙 내부로 진출한 시대다. 침엽수와 균류가 공생하는 과정에서 바위가 분해되어 토양 생성을 촉진했다. 균류는 버섯, 곰팡이처럼 동물과 식물을 분해해 에너지를 획득한다. 고생대에는 버섯이 다양하지 않아서 식물 몸체의 분해가 느렸다. 따라서 폭우로 넘어진 양치식물이 분해되기 전에 매몰되어 열과 압력을 받아 석탄으로 바뀌었다.

제 3 장

생명의 진화

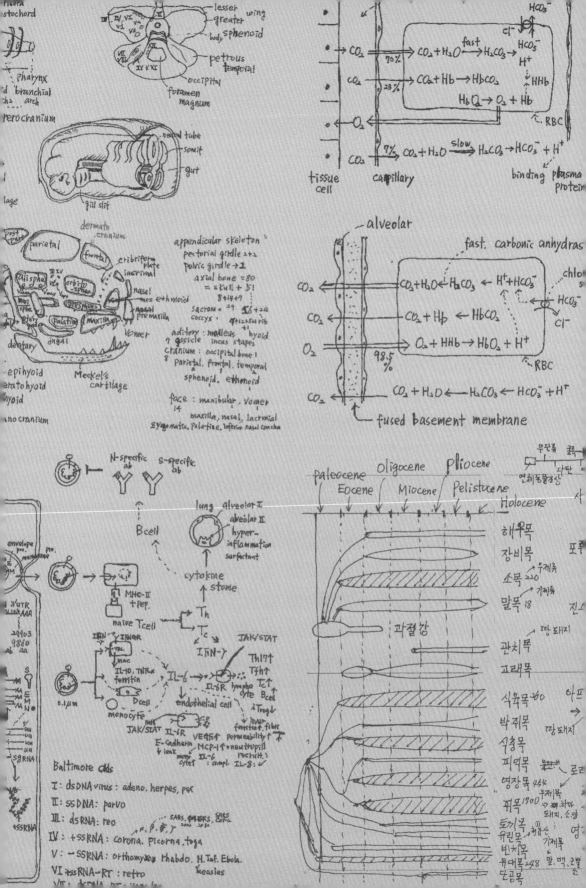

Top left - skull/embryology diagrams:

- chorda otochord
- Pharynx
- branchial arch
- rerocranium
- lesser wing / greater / body sphenoid
- petrous temporal
- occipital
- foramen magnum

- neural tube
- somit
- gut
- gill slit
- cartilage

- dermato cranium
- parietal, frontal
- cribriform plate
- lacrimal
- alisphen
- orbito-sphen
- nasal
- mes ethmoid
- nasal premaxilla
- Palatine, maxilla
- Vomer
- jugal
- dentary
- epihyoid
- Meckel's cartilage
- keratohyoid
- hyoid
- eno cranium

appendicular skeleton
pectorial girdle 1+1
pelvic girdle →1
axial bone = 80
= skull + 51
8+4+7
sacrum = 29 ?6+24
coccyx = ? ?+12x?rib
auditory : malleus hyoid
7 ossicle incus stapes
cranium : occipital bone 1
8 parietal, frontal, temporal
sphenoid, ethmoid
face : mandibular, vomer
14 maxilla, nasal, lacrimal
zygomatic, palatine, inferior nasal concha

Top right - gas exchange at tissue:

CO_2
$CO_2 \quad 70\% \quad CO_2 + H_2O \rightarrow H_2CO_3 \xrightarrow{fast} H^+ \quad HCO_3^-$
Cl^-
HCO_3^-
$CO_2 \quad 23\% \quad CO_2 + Hb \rightarrow HbCO_3$
HHb
$HbO_2 \rightarrow O_2 + Hb$
O_2
RBC
$CO_2 \quad 7\% \quad CO_2 + H_2O \xrightarrow{slow} H_2CO_3 \rightarrow HCO_3^- + H^+$

tissue cell | capillary | binding plasma protein

Middle right - gas exchange at alveolar:

alveolar — fast, carbonic anhydras

$CO_2 + H_2O \leftarrow H_2CO_3 \leftarrow H^+ + HCO_3^-$
chlo
HCO_3^-
Cl^-
$CO_2 + Hb \leftarrow HbCO_3$
$O_2 + HHb \rightarrow HbO_2 + H^+$
98.5%
RBC
$CO_2 + H_2O \leftarrow H_2CO_3 \leftarrow HCO_3^- + H^+$

fused basement membrane

Bottom left - immunology/virology:

N-specific ab   S-specific ab

B cell

lung alveolar I
alveolar II
hyper-inflammation
surfactant

envelope pro. membrane

cytokine storm

MHc-II + Pep.
naive T cell
Th
Tc
JAK/STAT
IFN-γ
Th17↑
Tfh↑
IFNγ / IFNγR
TYK
IL-10, TNF-α
ferritin
IL-6
IL-6R lympho cyte
Tc↑ B cell
↓Treg↓
3'UTR AAA
B cell
endothelial cell
↓ferritin, fibro
liver
monocyte
JAK/STAT   IL-6R VEGF↑ permeability↑
E-Cadherin   MCP-1↑ nautropil↓
↓leak IL-6 recruit↓
cytet : ampl. IL-8 ✓

Baltimore class

I: dsDNA virus : adeno, herpes, pox
II: ssDNA : parvo
III: dsRNA : reo
IV: +ssRNA : corona, picorna, toga   (SARS, MERS, SARS-CoV-2)
V: −ssRNA : orthomyxo, rhabdo, H. Inf. Ebola, measles
VI: +ssRNA-RT : retro

Bottom right - geologic time / mammal phylogeny:

Paleocene Eocene Oligocene Miocene Pliocene Pleistocene Holocene

해우목
장비목
소목 220
말목 18
관치목
고래목
식육목 80
박쥐목
식충목
피익목
영장목
쥐목 1700
토끼목
유린목
빈치목
유대목 248
단공목

과절강
무장류
연체동물조상
포유
진

1   대사, 호흡, 광합성의 탄생

생명 활동에서 물질과 에너지의 관련 과정을 대사 작용이라 한다. 대사 작용은 세포 속 분자들의 산화와 환원 과정이다. 전하가 중성인 원자는 전자를 획득하면 음이온이 되고 전자를 방출하면 양이온이 된다. 분자는 여러 개의 원자가 전자를 공유하는 공유결합으로 분자를 형성한다. 분자 속의 원자가 전자를 얻으면 그 분자는 환원되고, 전자를 잃으면 그 분자는 산화된다. 세포 속에서 분자로 이루어진 물질은 DNA, 단백질, 탄수화물, 지질인데, 모두 거대한 분자로 고분자 물질이라 한다. 단백질 고분자는 20가지 아미노산 분자가 반복적으로 결합하여 수소 원자 질량의 수천에서 수십만 배가 되는, 거대한 세포 속 분자다.

세포 속 분자들이 −전하의 전자를 획득하면 +전하의 양성자도 분자의 정전기력에 의해 결합할 확률이 높아진다. 분자가 전자와 양성자를 획득하면 질량이 증가한다. 화학반응에서 분자 속 원자가 전자와 양성자를 획득하여 질량이 증가하면 그 분자는 환원되었다고 한다. 반대로 분자 속의 원자가 전자를 잃어버리면 그 분자는 +전하를 갖게 되고 양성자를 밀어내게 된다. 전자는 원자와 원자를 결합하여 공유결합을 만드는데, 전자를 잃어버리면 공유결합이 분해되어 분자의 질량이 줄어든다. 분자에서 전자와 양성자를 방출하여 질량이 줄어드는 현상을 산화라 한다.

생명은 세포 속 수만 개가 넘는 분자들이 산화와 환원 과정을 반복하는 과정이며, 이를 대사 작용이라 한다. 생명 현상의 핵심인 대사 작용은 생체 분자들이 양성자와 전자를 방출하거나 흡수하는 과정이다.

동물의 호흡은 세포에서 산소 분자가 물 분자로 환원되는 산화-환원 반응이다. 허파로 유입된 산소 분자는 허파꽈리의 모세혈관 속에 존재하는 적혈구로 확산되어 헤모글로빈 단백질의 헴Heme 분자와 결합한다. 혈류를 통해 신체 조직의 모든 세포에 접근한 적혈구의 산소 분자는 세포 속으로 확산되어 들어간다. 적혈구 1개에는 약 2억 5000만 개의 헤모글로빈 단백질 분자가 있으며, 1개의 헤모글로빈 단백질 분자에는 4개의 철 원자가 존재한다. 철은 산소와 결합하여 붉은색의 산화철이 된다. 적혈구 1개가 운반하는 산소 분자는 10억 개나 된다.

세포 속으로 확산된 산소 분자는 세포질cytosol에 머물지 않고 미토콘드리아 속으로 들어간다. 섭취한 음식물은 구강과 위장을 통과한 후 작은창자의 융모세포에서 포도당, 아미노산, 지질 분자들로 흡수된다. 이 분자들과 효소의 작용으로 세포질과 미토콘드리아에서 산화-환원의 대사 작용이 일어난다. 미토콘드리아는 ATP 에너지 분자를 생성하는 세포 속 발전소다. 세포질에서 탄소 6개의 포도당 분자가 탄소 3개인 피루브산으로 분해되는 과정이 해당 작용이다. 세포는 당을 분해하는 해당 작용으로 2개의 ATP 분자를 생성하는데, 이 과정에는 산소 분자가 관여하지 않는다. 탄소 3개의 피루브산이 미토콘드리아로 입력되어 10단계의 대사 작용 과정인 TCA 사이클을 거치면서 4개의 NADH 분자가 생성된다.

NADH 분자는 니코틴아미드 아데닌 디뉴클레오타이드nicotinamide adenine dinucleotide(NAD) 분자에 수소가 결합된 형태의 분자다. NADH가 산화하면 NAD^+ 분자가 되고, NAD^+ 분자가 환원하면 NADH 분자가 된다. NADH 분자는 미토콘드리아 내막에 삽입된 NADH 탈수소 단백질에 의해 분해된다. 이 과정은 $NADH \rightarrow NAD^+ + H^+ + 2e^-$이며 NADH라는 분자에서 양성자 H^+와 2개의 전자 $2e^-$가 방출되는 산화 과정이다. NADH 분자가 산화되어 생긴 NAD^+ 분자는 TCA 사이클에 참여하여 $NAD^+ + H^+ + 2e^- \rightarrow NADH$ 과정에 의해 NADH 분자로 환원된다. NADH 분자가 산화되면서 방출하는 2개의 전자는 호흡효소 단백질로 단계적으로 전달되어 마지막 단계에서 산소 분자와 결합한다. 이 과정이 세포 호흡으로, 세포 속 미토콘드리아에 유입된 산소 분자 1개와 전자 4개 그리고 양성자 4개가 결합하여 산소 분자가 물 분자로 환원되는 $O_2 + 4e^- + 4H^+ \rightarrow 2H_2O$ 반응이다. 이 과정에서 산소 분자는 양성자와 전자를 획득하여 물로 환원된다.

미토콘드리아 내막에 삽입된 4개의 호흡효소 단백질을 통하여 전자가 이동하는 과정에서 미토콘드리아 내막 속 기질에 존재하던 양성자가 내막과 외막 사이의 막간 공간으로 확산된다. 미토콘드리아 막간 공간에서 양성자 농도가 높아지면서 다시 내막 안 공간으로 양성자가 확산하여 이동하는 과정에서 ATP 합성효소에 의해 약 30개 이상의 ATP 분자가 만들어진다. 그래서 호흡은 전자가 단백질이라는 고분자 사이로 이동하여 마지막에 산소 분자와 결합하여 산소를 물로 환원시키는 과정이다. 호흡의 결과는 전자 이동에 동반되어 이루어지는 ATP 합성효소에 의한 에너지 분자 ATP의 생성이다. 호흡은 NADH 분자가 전자를 방출하는 산화 반응, 전자와 양성자가 산소 분자와 결합하여 물 분자가 되는 환원 반응으로 구성된다. 결국 호흡은 산소 분자가 물 분자로 환원되는 반응이다. 그래서 호흡도 결국 전자와 양성자의 조절된 이동 과정이다.

호흡과 광합성은 산소 분자와 물 분자의 진행 방향만 다를 뿐 모두 산화-환원 반응이다. 호흡과 광합성은 전자 움직임에 동반된 양성자 이동이 만드는 산화와 환원 작용이다. 호흡에는 전자와 양성자가 주역이고, 광합성에는 전자, 양성자, 광자가 모두 참여한다. 광합성은 엽록소가 광자를 흡세포질에서 글루코스가 해당 과정을 통해 분해되어 피루브산이 되고, 피루브산이 미토콘드리아 내막 속 기질에서 TCA 사이클 작용을 일으킨다. TCA 사이클은 피루브산에서 시작하는 10단계의 분자 변환 과정으로, 미토콘드리아가 ATP를 합성하는 호흡 과정이다.

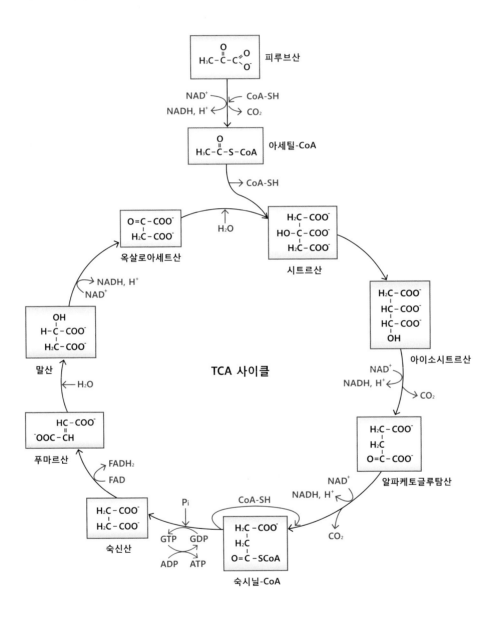

수하면서 엽록소에서 전자가 방출되는 산화 과정으로 시작한다. 전자를 방출한 엽록소 분자에 즉시 전자가 다시 공급되지 않으면 엽록소 분자는 지속적인 전자 손실로 분해된다. 전자가 빠져나간 자리에는 물 분자가 전자를 공급한다. 광자에 의해 물 분자가 분해될 때 방출되는 전자가 엽록소 분자 속으로 이동하여 엽록소에서 사라지는 전자들을 보충해준다.

식물 뿌리에서 흡수된 물 분자들은 수소 결합으로 서로 연결되어 기다란 행렬을 만들어 물관을 통해 잎 속 세포까지 이어져 있다. 엽록체는 식물 잎 세포 속의 거대한 세포 내 기관으로 독자적인 DNA를 갖고 있다. 엽록체는 스트로마stroma라는 기질 속 접시 형태의 막이 포개진 틸라코이드thylakoid 층상 구조로 되어 있다. 식물의 잎을 구성하는 세포의 DNA는 세포 내 핵막 속 공간에 존재하지만 엽록체의 DNA는 스트로마 기질 속에 있다. 그래서 식물의 엽록체는 미토콘드리아처럼 독립된 DNA를 가진다. 이는 엽록체가 미토콘드리아처럼 숙주 세포 속에 세포내공생으로 생겨났다는 증거다. 엽록체의 기원은 물 분해 광합성 박테리아인 시아노박테리아로 추정한다.

식물의 엽록소는 엽록체 내에서 빛을 흡수하는 분자다. 엽록소 분자 부근의 물 분자는 빛 에너지를 이용한 망간 이온의 작용으로 2개의 물 분자에서 전자와 양성자를 방출하는 $2H_2O \rightarrow O_2 + 4e^- + 4H^+$ 산화 과정에 의해 산소 분자로 산화된다. 이 과정은 미토콘드리아 호흡에서 산소 분자가 물 분자로 환원되는 $O_2 + 4e^- + 4H^+ \rightarrow 2H_2O$ 과정과 정반대되는 작용이다. 호흡은 산소가 물로 환원되는 작용이며, 광합성은 물이 산소로 산화되는 과정이다. 산화는 분자에서 전자와 양성자가 방출되는 과정이고, 환원은 전자와 양성자가 분자에 결합하는 과정이다. 광합성 과정에서 물 분자의 전자는 광자를 흡수함으로써 자유전자가 되어 엽록소 속으로 이동해 엽록소에서 빠져나간 전자를 보충해준다.

광합성은 세 문장으로 요약된다. 광자가 태양에서 엽록소로 이동한다. 엽록소 분자 속의 전자가 광자를 흡수한다. 광자를 흡수한 전자가 자유전자가 되어 이동하고 그 자리에 물에서 방출된 전자가 채워진다. 리처드 파인먼Richard Feynman은 우주에 존재하는 중력을 제외한 모든 현상은 전자와 광자의 이동 과정이 중첩된 현상이라고 주장했다. 세포의 호흡과 광합성은 생명 현상의 핵심이다. 호흡과 광합성은 전자, 광자, 양성자의 움직임으로 대부분 설명할 수 있다.

엽록체의 틸라코이드막에 삽입된 효소들의 작용으로 인해 태양의 빛에너지로 물분해형 광합성이 일어난다. 광합성에서 생성된 ATP와 NADPH 분자들은 캘빈 회로에서 글루코스를 만드는 데 사용된다. 식물과 광합성 플랑크톤이 생성하는 글루코스는 미토콘드리아의 호흡 작용으로 ATP 분자를 생성한다.

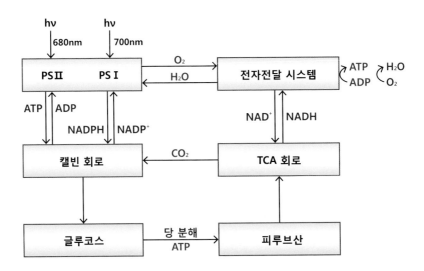

2   미토콘드리아와 진핵세포

지구의 생물은 크게 단세포 생물과 다세포 생물로 분류할 수 있다. 단세포에는 원핵세포와 진핵세포 두 가지가 있는데, 원핵세포는 박테리아이며 세포 하나가 독립된 생명체로 살아간다. 진핵세포는 세포 1개로 살아가지만 세포가 여러 개 모이면 다세포 생물이 된다. 원핵세포는 두꺼운 세포벽이 외피가 되고, 세포 속에 미토콘드리아와 핵막이 없다. 원핵세포에서 진핵세포로의 진화적 도약에서 핵심적인 사건은 핵막의 출현과 미토콘드리아의 세포내공생이다.

박테리아는 단세포 생물이다. 정자와 난자는 단세포지만 단세포 생물은 아니다. 단세포 상태로 일생을 살아가는 생물을 단세포 생물이라 하며 정자와 난자는 수정과 발생 과정을 통해 다세포 생물로 바뀐다. 동물, 식물, 균류는 다세포 생물이다. 인간은 약 60조 개의 세포가 결합된 다세포 동물이다. 다세포 생물을 구성하는 세포들은 세포 속에 미토콘드리아를 갖고 있다.

미토콘드리아가 없던 원시세포가 미토콘드리아를 세포 내로 삼키면서 진핵세포로 바뀐다. 알파 프로박테리아에서 기원한 미토콘드리아는 산소를 호흡하여 에너지를 얻는 능력을 획득했다. 산소 호흡이 가능한 이 박테리아를 숙주 세포가 세포 내부로 포획했다. 대략 20억 년 전 미토콘드리아와 그것을 삼킨 숙주 세포가 공생 관계로 진화했다. 그 후 숙주 세포는 진핵세포가 되고 산소 호흡 박테리아는 미토콘드리아라는 세포 내 소기관으로 정착했다.

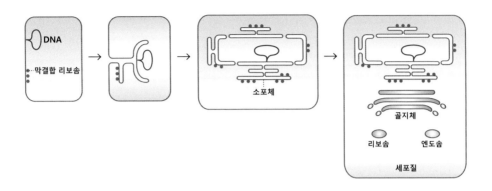

미토콘드리아가 원래 독립된 단세포 생물인 이유는 자신만의 유전자를 갖고 있기 때문이다. 인간의 몸을 구성하는 세포 속 미토콘드리아는 1만 1650개의 염기쌍으로 구성된 DNA가 있어 자신에게 필요한 단백질의 일부를 생산한다. 산소 호흡 박테리아를 포획한 숙주 세포는 20억 년 이전 대기 중에 산소가 없는 환경에 적응한 혐기성 단세포 생물로 추정된다. 산소 호흡 박테리아를 삼키면서 세포내공생에 성공한 숙주 세포는 약 20억 년 전 이후부터 산소가 대기 중에 존재하는 환경에서도 생존할 수 있게 되었다. 혐기성 단세포는 생명 정보를 담고 있는 DNA가 핵막 주머니 속이 아닌 세포질 속에 원형으로 존재하며 미토콘드리아도 없다. 혐기성 단세포 생물인 박테리아에는 두꺼운 세포벽과 리보솜과 단백질로 가득한 세포질이 있지만 핵과 미토콘드리아는 없다.

20억 년 전에 출현한 진핵세포는 핵과 미토콘드리아가 있고, 크기도 1000배 이상 증가했다. 원핵세포는 획득한 유기물을 세포 내에서 산소 없이 소화하는 무기호흡을 통해 2ATP 정도의 에너지만 생산하는 반면, 진핵세포는 미토콘드리아의 산소 호흡 덕에 36ATP의 많은 에너지 분자를 만든다. ATP는 지구상의 모든 생물이 생명 활동 에너지로 사용하는 분자다.

우리 몸을 구성하는 세포들이 하루에 생산하는 ATP 분자의 총 질량을 계산할 수 있다. 인체에서 적혈구를 제외한 모든 세포에는 미토콘드리아가 있다. 미토콘드리아는 세포에 평균 100개 정도 있으며, 인간의 세포 수는 대략 60조 개다. 미토콘드리아 1개마다 3만 개의 ATP 합성효소가 있고, 이 효소가 초당 3분자의 ATP를 합성한다고 추정하면 인체가 매초 생산하는 총 ATP 분자(60조×100×3만×3)의 개수가 나온다. 인간을 포함한 큰 동물은 하루에 50킬로그램 정도의 ATP 분자를 생성한다. 매일 자기 몸 질량만 한 ATP 분자를 만들어내는 셈이다.

ATP 분자는 세포 내에서 인산기를 하나 방출하여 ADP로 전환되므로 분해와 생성의 균형을 유지해 매 순간 존재하는 인체 내 총 ATP의 양은 대략 100그램 정도다. ATP는 아데노신3포스파이트의 약자인데, 아데노신은 탄소 5개인 리보스당에 염기가 달린 분자다. 아데노신에 인산기 3개가 결합하면 ATP가 된다. 리보스당에 결합하는 염기에는 아데닌adenine(A), 구아닌guanine(G), 시토신cytosine(C), 우라실uracil(U)이 있고, 리보스당에 염기가 결합하여 RNA 분자가 만들어진다. 리보스당에서 산소 원자 1개가 탈락하면 산소가 없는 디옥시리보스당이 되는데, 디옥시리보스당에 결합하는 염기는 아데닌, 구아닌, 시토신, 티민thymine(T)으로, 이것들이 DNA를 만든다.

RNA와 DNA의 차이는 간단하다. RNA에는 우라실이 있고 DNA에는 티민이 있다. 4개의 염기에서 1개가 다르다. 미토콘드리아가 생산하는 ATP 분자는 인산기 PO_3^{2-}가 3개인데 인산기 1개를 분리하면 인산기가 2개인 ADP 분자가 되고 또 하나를 더 분리하면 인산기가 1개인 아데노신모노

포스파이트Adenosine Monophosphite, 즉 AMP 분자로 바뀐다. 인간 DNA에는 아데닌과 티민, 구아닌과 시토신이 결합하는 32억 개의 염기쌍이 있는데, 여기에 사용하는 아데닌은 AMP 분자이며 ATP에서 생성된다. 요약하면 미토콘드리아가 만드는 ATP는 에너지 분자인 동시에 DNA를 구성하는 생명 정보 분자다. 세포 속에는 ATP가 ADP보다 10배 이상 많으며 ATP와 ADP의 비율을 일정하게 유지하는 방향으로 세포 생화학 반응이 진행된다.

인체 세포 속 미토콘드리아에는 호흡효소와 ATP 합성효소가 있는데, 이 두 효소는 핵의 DNA와 미토콘드리아의 DNA에서 생산된 단백질이 결합해서 만들어진다. ATP 합성효소는 미토콘드리아 DNA에서 A6, A8 두 단백질 서브 유닛을 만들고 핵의 DNA에서 생성된 12개의 단백질이 합쳐진 구조다.

미토콘드리아는 자신이 합성한 ATP 분자를 숙주 세포의 체세포에 공급하며 체세포는 ATP를 사용하여 DNA와 RNA를 합성하고 RNA와 리보솜의 작용으로 단백질을 만든다. 단백질을 만드는 과정에는 mRNA, tRNA, rRNA, snoRNA가 관여한다. 미토콘드리아는 자신이 만든 단백질과 숙주 세포가 제공하는 단백질을 결합해 호흡효소를 만든다. 미토콘드리아는 호흡효소의 작용으로 만든 ATP를 숙주 세포에 제공해 공생한다. 미토콘드리아 내막에 삽입된 단백질에는 호흡효소인 전자전달 시스템 I, II, III, IV와 ATP 합성효소가 있다.

호흡효소 I은 숙주 세포 핵의 DNA에서 합성하는 단백질 35개와 미토콘드리아 DNA에서 만든 7개의 단백질이 결합된 복합 단백질이다. ATP 합성효소 역시 숙주 세포 단백질 12개와 미토콘드리아가 생산하는 2개의 단백질이 결합되어 만들어진다. 20억 년 전 미토콘드리아와 숙주 세포는 유전자와 단백질을 공유하는 공생 관계를 이루어 진핵세포의 출현이라는 인간 미토콘드리아의 유전체 구성. 출처: Johannes N. Spelbrink, Functional organization of mammalian mitochondrial DNA in nucleoids: History, recent developments, and future challenges, 2009.

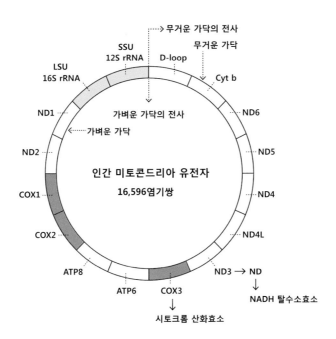

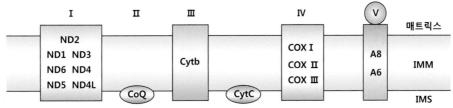

	I	II	III	IV	V
미토콘드리아 DNA	7	4	1	3	2
핵 DNA	35	0	10	10	12

ND : NADH 탈수소효소
COX : 시토크롬 C 산화효소
A : ATP가분해효소
IMS: 막간공간
IMM: 미토콘드리아 내막

진화적 도약을 하였다. 진핵세포에서 다세포생물이 출현하고 다세포 생물에서 인간의 가상 세계가 펼쳐졌다. 40억 년간 진화해온 생명의 역사에는 광합성, 진핵세포, 다세포 생명이라는 세 번의 큰 진화적 도약이 있었다.

시아노박테리아에 의한 물 분해형 광합성으로 산소 분자가 출현하고, 미토콘드리아의 세포내공생으로 출현한 진핵세포가 산소 분자를 이용하는 유산소 호흡을 함으로써 에너지의 생산이 크게 증가한다. 증가하는 대기 중 산소 농도의 영향으로 진핵세포가 결합하여 약 6억 년 전에 다세포 생물이 출현하면서 동물, 식물, 균류가 번성하기 시작했다. 미토콘드리아에 의한 진핵세포의 출현은 약 20억 년 전의 1차 산소혁명의 결과이고, 다세포 생물의 출현은 눈덩이 지구 사건이 촉발한 약 6억 년 전 2차 산소혁명의 결과다.

진핵세포와 다세포 생물의 출현은 모두 미토콘드리아에서 촉발되었다. 미토콘드리아는 산소 호흡에 성공한 박테리아에서 기원한다. 미토콘드리아는 숙주 세포와 공생하는 과정에서 호흡에 필요한 유전자 13개를 제외한 대부분의 유전자와 유전체를 버리고 규모를 줄여 10퍼센트 이하의 적은 단백질만 생성한다. 생존에 필요한 많은 단백질은 숙주 세포가 만들어 공급해준다. 그래서 미토콘드리아는 숙주 세포를 벗어나서 독립된 상태로 살아갈 수 없다.

진핵세포가 결합해 다세포 생물이 되는데, 다세포 생물의 진화에는 유성생식이 핵심이다. 단세포 생물은 무성생식과 유성생식 모두 가능하지만 다세포 생물은 주로 유성생식으로 자손을 만든다. 부모의 유전자가 유성생식을 통해 재조합하면 불리한 형질이 자손에게 드러날 확률이 줄어든다. 진핵세포가 세포 분열해 세포가 많이 만들어지면 세포 속의 미토콘드리아 역시 분열로 많이 만들어진다. 숙주 세포의 핵 속 DNA에 돌연변이가 축적되고 핵분열이 중단되어 새로운 세포를 만들 수 없게 되면 미토콘드리아도 증식할 수 없다. 유성생식을 통해 유전자 재조합이 일어나면 숙주 세포의 DNA 손상이 어느 정도 감춰지고 세포는 분열하여 딸세포를 만들 수 있다. 유성생식에는 미토콘드리아의 작용이 관여한다.

미토콘드리아는 자신의 유전 정보 대부분을 포기했기 때문에 독자적인 생명력을 상실했다. 하지만 다세포가 출현하면서 미토콘드리아가 숙주 세포에 대해 포기하지 않은 능력이 있는데, 그것이 바로 세포자살apoptosis이다. 세포 속 미토콘드리아에 유기물 공급이 줄어들면 NADH 분자가 적게 만들어지고 NADH가 산화하는 과정에서 방출되는 전자의 공급도 줄어든다. 전자가 줄어들면 전자를 이동하는 시토크롬 Ccytochrome c라는 단백질이 미토콘드리아에서 세포질로 빠져나온다.

세포질 속으로 이동한 시토크롬은 카스파제Caspase라는 단백질에 작용한다. 카스파제가 핵 속의 DNA에 작용하면 세포자살이 일어난다. 미토콘드리아는 자신의 독자성을 포기하고 20억 년간 숙주 세포와의 공생에 성공해 진핵세포, 유성생식, 다세포 생물을 출현시킨 진화의 주역이다. 미토콘드리아의 이러한 능력의 바탕에는 산소 호흡을 통한 에너지 분자 ATP의 생성이 있다. 진화 과정에서 미토콘드리아가 이룩한 도약은 대기 중 산소 농도 변화에 적응한 것이다. 대기 중 산소 농도 변화는 시아노박테리아에서 물 분해형 광합성이 출현하면서 시작됐다. 행성 지구에서 생명의 진화는 산소가 없는 환경에 적응한 원핵세포와 산소가 출현한 이후의 환경에 적응한 진핵세포의 진화 과정이다.

3 질소 원자를 획득한 생물

생물은 탄소를 이용해 세포 속 분자들의 골격을 만든다. 물 분해형 광합성은 태양 에너지를 이용하여 물과 이산화탄소에서 글루코스를 만든다. 글루코스는 탄소 6개가 육각형 고리 형태를 이루는 분자로, 알파 글루코스와 베타 글루코스 2개의 이성질체가 존재한다. 알파 글루코스는 에너지를 저장하는 당으로, 흔히 포도당이라 한다. 식물은 당 분자인 셀룰로오스를 만든다. 셀룰로오스 분자는 식물 세포벽을 만드는 구조당으로, 바로 베타 글루코스다. 포도당은 간단히 CH_2O로 표현하며 탄소, 수소, 산소 원자로 만들어진다.

탄수화물, 지질, 단백질, 핵산을 구성하는 C, H, N, O, P, S 원소

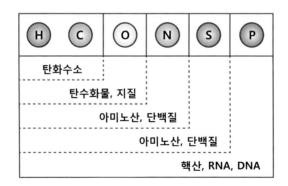

생명에 가장 핵심적인 원소는 탄소, 산소, 수소다. 광합성의 결과로 만들어진 포도당은 다당류인 녹말의 형태로 식물의 잎, 씨앗, 뿌리에 저장된다. 소나 말이 식물 잎만 먹고도 살 수 있는 이유는 식물 잎 속에 녹말 알갱이가 저장되어 있기 때문이다. 동물은 모세혈관을 통해 포도당이 확산되어 세포 속으로 유입되면, 세포질에서 6탄당인 포도당이 분해된다. 세포질에서 포도당이 분해되는 과정을 해당 작용glycolysis이라 하는데, 이 과정을 거쳐 6탄당이 3탄당 피루브산으로 된다. 산소 분자가 없는 세포질에서 포도당 1분자는 해당 과정을 통해 2분자의 피루브산으로 분해되며, 이 과정에서 2개의 ATP 분자를 생성한다.

포도당이 분해되어 피루브산이 되는 해당 작용은 10단계로 나뉘는데 중간 단계의 모든 분자는 탄소, 수소, 산소 원자로만 만들어진다. 피루브산은 세포질에서 미토콘드리아로 들어가 다시 10단계의 TCA 회로를 거치면서 이산화탄소를 방출하고, NADH 분자를 생성한다. 미토콘드리아 내막 안 기질의 TCA 회로에는 다양한 효소가 필요하며 생체 촉매로 작용하는 효소는 대부분 단백질이다. 단백질 효소는 아미노산으로 만들어지는데, 아미노산은 아민기를 갖는 산성 물질이라는 의미이며 아민기 NH_2는 질소와 수소로 결합된 분자다.

질소 원자가 존재해야 아미노산이 출현한다. 질소 원자는 지구에서 쉽게 발견되지 않는다. 바닷물에도, 화산 가스에도 질소 원자는 드물다. 대기에만 유일하게 대규모로 질소가 존재하는데 원자 상태가 아닌 분자 상태로 있다. 생물에게는 질소 분자가 아닌 질소 원자가 필요하다. 질소 원자 2개가 삼중결합으로 매우 단단하게 결합되면 질소 분자가 된다. 이 삼중결합을 분해하여 질소 원자를 얻으려면 번개 정도의 큰 에너지가 필요하다. 뿌리혹박테리아는 질소 원자를 획득한다. 번개 혹은 특별한 박테리아만 질소 분자에서 질소 원자를 분리할 수 있다.

원자 상태의 질소에서 아미노산이 만들어진다. 300종류가 넘는 아미노산 중에서 생물은 단지 20가지만 사용해서 단백질을 만든다. 아미노산이 구슬이면 단백질은 목걸이다. 20가지 색깔의 구슬을 연결하여 10만 개 이상의 각각 다른 목걸이를 만드는 공장이 바로 세포다. 각각 다른 20개의 아미노산을 연결하는 방식의 수는 20! = 20×19×⋯×1로 매우 많은데, 세포에서 발견된 단백질의 종류는 약 10만 개 정도다. 생물학적 작용이 가능한 10만 개의 아미노산을 연결하는 순서 정보가 바로 DNA의 염기서열에 저장되어 있는 유전자다.

인간 DNA는 64억 개의 아데닌, 구아닌, 시토신, 티민이 32억 개의 염기쌍으로 서로 결합되어 있다. 32억 개 염기쌍에서 1.5퍼센트 정도의 염기쌍이 유전자인데, 유전자는 아미노산 연결 순서에 대한 정보. 예를 들어 아미노산 아르기닌은 DNA의 유전자 영역에서 3개 염기가 구아닌-시토신-아데닌 순서로 연결되어 있다. 아르기닌의 유전 정보는 RNA 중합효소에 의해 mRNA 염기 서열에서 시토신-구아닌-우라실로 전사transcription한다.

리보솜이 아미노산을 연결해서 단백질을 합성하는 과정을 번역translation이라 한다. mRNA가 핵에서 세포질로 빠져나와 리보솜을 만나면 리보솜은 mRNA 염기서열을 단백질로 번역한다. 이 과정에서 시토신-구아닌-우라실에 해당하는 아르기닌 분자가 아미노산 서열에 결합된다. 광합성으로 만들어지는 포도당에서 6탄당, 5탄당, 4탄당, 3탄당의 탄수화물 분자가 만들어지는데, 탄수화물은 탄소, 수소, 산소 원자로만 구성된다. 탄소가 3, 4, 5, 6개 사슬처럼 연결된 분자가 세포 속 생명 현상의 기본 구조다.

탄소 사슬의 기본 구조에 질소 원자가 결합하면서 20가지 종류의 아미노산이 출현한다. 이 아미노산들을 다양한 순서와 다양한 길이로 연결하는 정보가 DNA의 유전 정보다. 아미노산이라는 문자로 단백질이라는 문장을 만드는 문법이 바로 유전 정보다. 포도당이 분해되어 만들어지는 탄소 골격에 질소 원자가 결합하여 아미노산과 단백질이 출현한다. 인간 DNA는 32억 개의 염기쌍으로 핵 속에 존재한다. DNA 유전자 영역의 염기들은 RNA에 전사되고 단백질로 번역된다.

DNA의 전체 유전 정보를 게놈genome이라 하는데, DNA와 RNA는 모두 핵 속의 산성 물질이므로 핵산이라 한다. 핵산은 인산, 리보스5탄당, 핵 염기의 세 가지로 구성되어 있다. 세포는 끊임없이 핵산과 단백질을 만들고 분해한다. DNA와 RNA 핵산 분자에는 질소 원자가 포함된 고리 구조가 있고 아미노산에는 아민기(NH_2)가 있어 세포는 질소 화합물을 지속적으로 생성한다. 세포는 질소 화합물에 수소를 결합하여 암모니아(NH_3)를 만든다. 암모니아는 세포 속에서 유독 물질이므로 물고기는 세포가 생성하는 암모니아를 바닷물로 방출한다. 파충류와 조류는 핵산과 단백질 분해에서 나오는 질소 화합물에서 요산uric acid을 만들어 배설한다.

새의 배설물은 요산 결정이 있어 하얗게 보인다. 포유류는 질소 화합물을 요소urea 형태인 오줌으로 배출한다. 질소 화합물을 배출하는 방식에서 어류는 암모니아로, 파충류는 요산으로, 포유류는 요소로 진화되었다. 이 과정에 질소 원자와 물과 생명체의 환경 적응 과정이 새겨져 있다. 세포 속에서 암모니아는 즉시 양성자 1개를 배위결합해서 암모늄 양이온으로 되는 과정 $NH_3 + H^+ \rightarrow NH_4^+$이 일어난다. 배위결합은 생명 현상에 자주 등장하는 공유결합의 특별한 형태이다. 암모늄 양이온의 배위결합은 암모니아의 질소 원자가 제공하는 2개의 전자에 양성자 1개가 결합하는 공유결합이다. 거의 모든 생명 현상에는 양성자 이동이 관여한다.

4 바이러스와 박테리아

생명의 형태는 크게 고세균, 진정세균, 진핵세포로 나눌 수 있다. 고세균과 진정세균은 박테리아이며, 진핵세포는 다세포 생물을 구성하는 세포다. 바이러스는 유전 정보와 유전 정보를 감싸는 외피가 전부인 존재로, 생명체로 분류하기 어렵다. 생명 현상의 핵심은 유전genetic과 대사metabolism인데, 유전은 자신의 생명 정보를 계속 전달하는 DNA의 기능이며, 대사는 섭취한 영양물질을 세포 안에서 분해·합성해 활동 에너지를 만들고 노폐물을 배출하여 세포의 항상성을 유지하는 과정을 말한다. 바이러스에는 유전 기능은 있지만 대사 능력은 없다. 생물에서 대사 작용이라 함은 동화 작용과 이화 작용으로, 산화와 환원의 과정이다. 생체 분자를 합성하는 과정이 동화 작용이며, 분해하는 과정이 이화 작용이다. 바이러스는 스스로 단백질을 합성하지 못한다.

세포질에서 단백질 합성은 리보솜의 작용이다. 리보솜은 바이러스 정도의 크기이므로 바이러스는 리보솜을 가지고 다닐 수 없다. 바이러스는 매우 작아서 유전 물질인 DNA 혹은 RNA만 있다. 바이러스는 리보솜이 없어서 스스로 단백질을 합성하지 못하고, 단백질을 만들 수 있는 유전 정보만 있다. 바이러스는 요리책으로 비유할 수 있다. 식재료와 주방 기구는 없이 요리 방법이 적힌 요리책인 유전자만 가지고 있는 것이다. 자신과 동일한 바이러스를 만들기 위해 바이러스는 단백질의 재료인 아미노산, 단백질을 만드는 기계인 리보솜을 박테리아와 진핵세포로부터 빌려 쓴다. 바이러스가 인간 몸을 구성하는 진핵세포로 침입하여 자신을 복제하는 현상이 바이러스에 의한 전염병이다.

진핵세포 속에 사는 바이러스는 숙주 세포의 아미노산과 리보솜을 이용하여 자신의 유전자로 단백질을 만들고 자신의 유전자도 복제한다. 바이러스는 침입한 세포 속에서 자신의 유전자와 그 유전자를 보관하는 단백질 외피를 수천 개 만들고 조립하여 자신과 똑같은 바이러스를 하루에도 수천 개 만든다. 숙주 세포 속에서 바이러스가 숙주 세포의 리보솜과 아미노산으로 단백질을 합성하는 과정을 숙주 세포도 알아차리고 바이러스와 싸우기 위해 면역 세포들을 불러들인다. 숙주 세포와 면역 세포가 바이러스 감염을 알리는 사이토카인cytokine 신호가 너무 강해지면, 사이토카인 폭풍cytokine storm으로 생명이 위태로워진다.

바이러스는 유전체로 분류된다. 바이러스의 유전체는 DNA와 RNA 모두 가능하지만 박테리아와 진핵세포의 유전체는 DNA로만 존재한다. 바이러스의 유전체는 (DNA, RNA), (이중가닥, 단일가닥), (5→3 방향, 3→5 방향)의 일곱 가지 조합으로 분류한다. 코로나-19 바이러스의 유전체는 단일가닥 RNA가 5→3 방향으로 결합한 바이러스다. 5→3 방향은 RNA 분자들이 서로 연결하는 방향이다. 이때 5와 3은 리보스당의 다섯 번째 탄소에서 세 번째 탄소의 방향으로 인산기에 의해 RNA를 구성하는 핵산 분자들이 결합하여 핵산 분자가 성장한다는 말이다.

박테리아의 유전체는 DNA 이중가닥의 게놈이다. 박테리아 유전체에는 플라스미드plasmid라는 박테리아 사이에 수평으로 전달하는 유전 물질도 있다. 박테리아는 원핵세포로 세포 내에 핵막이 없고, 세포질 속에 DNA와 리보솜이 함께 있어 DNA 중합효소가 DNA에서 mRNA를 전사한다. 그리고 리보솜이 핵 외부 세포질에서 mRNA에 결합하여 아미노산을 연결해서 폴리펩타이드polypeptide를 만든다. 박테리아에는 핵막이 없어 진핵

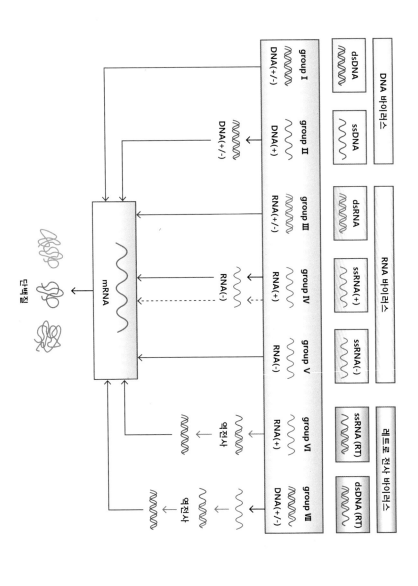

바이러스는 게놈으로 분류한다. 바이러스 게놈은 RNA, DNA의 단일가닥, 이중가닥 모두 가능하다. 코로나 바이러스는 +외가닥 RNA 바이러스이며, +는 RNA를
구성하는 핵산 분자가 겹침하는 방향을 나타낸다. 출처: 데이비드 볼티모어의 바이러스 분류.

166

세포와 달리 전사와 번역이 분리되지 않고 함께 일어난다. 박테리아와 진핵세포는 모두 리보솜으로 아미노산을 서로 연결하여 폴리펩타이드를 만들며, 폴리펩타이드가 입체 구조를 형성해 단백질이 된다. 리보솜은 수십 개의 단백질과 rRNA가 결합한 상태로, 단백질과 RNA가 결합한 생체 고분자를 리보뉴클레오프로테인ribonucleoprotein(RNP)이라 한다.

리보솜은 단백질이 rRNA와 결합한 RNP로, 다양한 RNP 분자들이 DNA에서 단백질 합성까지 여러 단계에서 핵심 역할을 한다. DNA가 출현하기 이전에는 RNA만 존재했고, RNA가 DNA와 단백질 역할을 함께 했던 흔적이 RNP 분자에 남아 있다. 박테리아의 리보솜은 큰 단위체와 작은 단위체가 결합하여 작동한다. 여러 종류의 박테리아에서 리보솜의 작은 단위체를 구성하는 16s 리보솜 RNA를 분석하여 박테리아를 동정할 수 있다.

유전체 DNA를 복제하는 시간이 줄어들수록 박테리아의 분열 증식이 빨라지므로 박테리아는 DNA의 크기를 줄이는 방향으로 진화해왔다. 수십에서 수천 개의 아미노산이 선형으로 연결된 상태를 폴리펩타이드라 하는데, 폴리펩타이드는 효소 작용에 의해 입체 구조로 만들어져 단백질이 된다. 박테리아는 핵막이 없기 때문에 유전자에서 단백질 합성까지 연속적으로 진행되어 세포 증식이 빠르다. 박테리아는 대략 20분이면 2개 세포로 분열해 증식한다. 박테리아는 세포벽에 펩티도글리칸peptidoglycan 층이 두꺼운 그람 양성Gram positive 박테리아와 세포벽이 얇은 그람 음성Gram negative 박테리아로 구분한다.

세포벽의 펩티도글리칸은 아미노산 글리신 5개가 결합한 구조로 존재한다. 항생제 페니실린은 이 아미노산 결합을 분해하여 항균 작용을 한다. 약 20억 년 전에 출현한 진핵세포에서 박테리아의 두꺼운 세포벽이 사라져 박테리아에 비해 그 부피가 1만 배나 커진다. 진핵세포의 원형질막은 유동성 있는 막이 되고, 세포 속에 핵막이 출현해 단백질 합성 단계인 전사와 번역 과정이 분리된다. 박테리아와 진핵세포는 진화 전략이 다르다. 박테리아가 빠르게 증식하는 방향으로 진화했다면 진핵세포는 유전자의 전사와 번역 과정을 정교하게 발전시켜 진화했다.

5   진핵세포의 전략

진핵세포에는 핵 속의 이중가닥 DNA가 선형으로 존재한다. 진핵세포는 게놈 DNA가 선형으로 양 끝에 있어 세포가 분열하기 위해 DNA를 복제할 때마다 말단의 염기들이 줄어든다. 그래서 인간 몸의 체세포들은 50회 이상 복제할 수 없고, 이러한 분열 횟수 제한이 줄기세포, 암세포, 노화세포의 차이를 만든다. 진핵세포에서는 DNA에서 mRNA가 만들어지는 전사 과정과 여러 단계의 전사후 과정을 통과해서 완성된 mRNA만 세포질로 빠져나올 수 있다. 세포질 내에서 mRNA는 A, G, C, U 중 3개의 서열에 대응하는 아미노산을 결합하여 단백질을 만든다. mRNA의 염기 서열을 아미노산 서열로 만드는 과정이 리보솜에 의한 번역이다.

혐기성의 초기 진핵생물이 호기성 세균과 세포내공생하여 미토콘드리아가 되며, 광합성 박테리아와 공생해 식물의 엽록체가 된다.

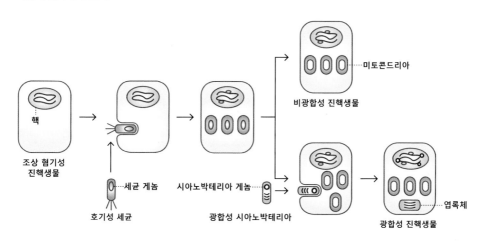

진핵세포는 핵 속에서 전사 과정이 일어나고 세포질에서 번역 과정이 일어나는데, 이 두 과정은 분리되어 진행된다. 전사와 번역이 분리되었을 때 얻을 수 있는 이점은 전사 과정의 실수를 수정할 기회를 가질 수 있고, 생산하는 mRNA의 개수를 세포 환경에 따라 조절할 수 있다는 것이다. 진핵세포 진화의 핵심 전략은 빨리 만드는 것이 아니라 잘 만드는 것이다.

모든 세포의 유전 물질에는 돌연변이가 누적된다. 박테리아는 돌연변이가 생긴 유전자 수정에 시간과 에너지를 투자하기보다는 빠른 속도로 증식하는 데 집중한다. 진핵세포는 전사와 번역을 분리하면서 전사와 번역 후에 추가적인 여러 편집 과정을 넣는 쪽으로 진화한다. 적게 낳아서 잘 키우는 전략이다. 식물, 동물, 균류는 모두 진핵세포 생물이다. 인간보다 유전자 수가 많은 생물이 여러 종 있지만 유전자 개수의 많고 적음보다 유전자에서 만들어지는 단백질의 숫자가 더 중요하다.

유전자의 개수와 생물의 진화 정도는 관계가 없다. DNA 유전자 개수보다 유전자 외의 부분이 차지하는 비율이 클수록 더 진화한 생물이다. 환경에 적응하는 다세포 생물의 전략이 환경 변화에 따라 유전자 발현을 조절하는 방향으로 진화했기 때문이다. 유전자 개수가 어느 정도는 중요하지만, 하나의 유전자에서 얼마나 많은 단백질을 안정적으로 만들 수 있는지가 환경 변화에 적응하는 데 더 중요하다. 침팬지와 인간의 전두엽에서 발현하는 유전자의 종류는 거의 비슷하지만, 같은 유전자에서 인간은 침팬지보다 다섯 배나 많은 단백질을 만들 수 있기 때문에 전두엽의 뇌 작용이 침팬지보다 더 활발하다.

인간 유전체에서 유전자는 DNA의 1.5퍼센트로 매우 작은 영역이지만 전사조절인자transcription factor로 작용하는 단백질을 만드는 영역은 유전자 영역보다 훨씬 크다. 유전자를 전사하는 데 필요한 단백질만 수십 가지가 넘는데, RNA 중합 효소와 연결된 다양한 전사조절인자 단백질이 모두 결합해야 전사 효율이 높아진다. 인간으로 진화하는 과정의 핵심은 전사조절인자의 진화다.

진핵세포는 전사조절인자를 통해 유전자를 발현하는 확률을 조절한다. 전사조절인자 단백질은 인핸서enhancer 영역에 결합하여 유전자 전사 과정을 조절한다. 인핸서는 전사 개시 전에 DNA 부위에 붙는 조절 요소다. DNA, 인핸서, 조절인자, 프로모터(RNA 중합효소) 순으로 자리 잡으면 전사가 개시된다. 동물과 식물은 전사조절인자 단백질의 진화를 통해 환경 변화에 적응한다. 진핵세포는 핵 속 DNA에서 전사한 mRNA, rRNA, RNA를 전사후편집posttranscriptional editing하는 기술이 정교하게 진화했다.

유전자가 단백질을 생성하기 위해 DNA가 RNA로 전사되는 과정에서, 유전자 DNA 염기서열 중 단백질 합성에 불필요한 정보를 제거하고 필요한 정보만 이어붙이는 것을 스플라이싱splicing이라 한다. 스플라이싱은 전사한 pre-mRNA에서 아미노산을 직접 지정하지 않는 인트론intron을 제거하고 아미노산을 지정하는 엑손exon만을 축출하여 결합한다. 엑손만 선택적으로 결합해 하나의 유전자로 여러 기능을 하는 mRNA를 만드는 과정을 선택적 스플라이싱alternative splicing이라 한다.

청각에서 주파수별로 민감도가 다른 수백 개의 단백질은 선택적 스플라이싱 과정을 거쳐 만들어진다. 인간 유전자는 2만 개 정도지만 세포 속 단백질은 10만 종류 이상인 이유가 전사후편집으로 기능이 약간 다른 단백질을 무수히 합성하기 때문이다. 진핵세포의 세포질에서는 리보솜이 아미노산을 수백에서 수천 개 연결하여 폴리펩타이드 사슬을 만드는 번역 과정이 일어나고, 유전 정보가 아미노산을 번역한 후 세포질에서 다양한 효소가 작용하여 번역후편집posttranslational editing 과정이 진행된다.

번역후편집을 거치면 선형 폴리펩타이드가 입체 구조로 바뀌고, 단백질을 구성하는 아미노산의 인산화와 아세틸화가 일어난다. 진핵세포는 전사후편집과 번역후편집 과정뿐만 아니라 전사전 준비 과정도 원핵세포보다 훨씬 복합적이다. 행성 지구에서 출현한 생명 현상은 원핵세포와 진핵세포뿐이다. 원핵세포인 박테리아는 DNA의 크기가 작아서 DNA 전체를 재빨리 복제해서 번성하지만, 복제 과정에서 유전 정보에 축적되는 돌연변이를 제대로 수정하지 못한다. 그래서 바이러스와 박테리아는 계속해서 돌연변이 종이 생겨난다.

진핵세포인 인간은 환경 변화에 따라 DNA 전사 과정을 조절하고, 전사후편집과 번역후편집 과정을 통해 10만 종류 이상의 단백질을 만들었다. 인간은 유전자 개수보다 훨씬 더 많은 단백질을 통해 감정, 의식, 생각, 가상 세계를 창조했다. 세포의 생화학 작용은 대부분 단백질 효소의 작용이다. 단백질을 구성하는 아미노산의 생성 과정은 다시 광합성의 산물인 포도당과 만난다.

세포의 해당 과정을 통해 탄소 6개 분자인 글루코스가 탄소 3개 분자인 피루브산이 된다. 피루브산은 미토콘드리아에서 10단계의 TCA 회로를 거쳐 시트르산이 된다. 피루브산과 시트르산에서 생성되는 아세틸-CoA에서 지질 분자들이 합성된다.

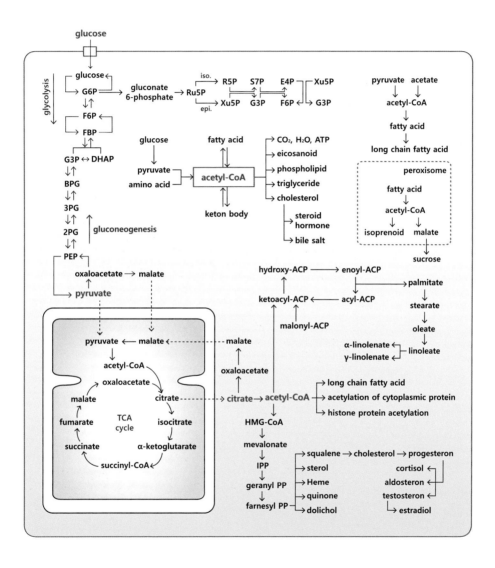

6   생명 과정은 분자의 변환 과정

생물에서 가장 중요한 물질은 알파 글루코스인 포도당 분자다. 아미노산과 DNA 합성은 모두 포도당 분자에서 시작한다. 포도당 분자는 광합성을 통해 물 분자와 이산화탄소 분자에서 만들어지고, 이 과정의 부산물로 산소 분자가 지구 대기층에 출현했다. 탄소 6개인 포도당 분자가 세포질 속에서 탄소 3개인 피루브산으로 분해되는 해당 과정은 다음과 같다.

글루코스→글루코스 6포스파이트(G6P)→프록토스 6포스파이트(F6P)→프록토스비스포스파이트(FBP)→글리세르 3포스파이트(G3P)→비스포스포글리세레이트(BPG)→3포스포글리세레이트(3PG)→2포스포글리세레이트(2PG)→포스포엔올피루베이트(PEP)→피루베이트

여기서 6P와 3P, 2P는 글루코스 6번, 3번, 2번 탄소에 인산기(PO_3^{2-})가 결합한다는 의미이고, 비스bis는 2개, 프록토스는 과일의 당인 과당, 단어 끝부분에 타이트tite, 에이트ate가 붙으면 산성 물질이라는 뜻이다. 그래서 글루코스6포스파이트는 글루코스6인산 또는 G6P로 표현하고 나머지도 동일한 방식으로 표현하며 주로 약자로 표기한다.

피루베이트, 즉 피루브산은 미토콘드리아 속으로 들어가 TCA 회로 작용을 거친다. 미토콘드리아 기질에서 일어나는 TCA 회로를 요약하면 다음과 같다. 피루브산이 아세틸-CoA로 전환되고 옥살로아세트산과 결합하여 다시 6탄당인 시트르산을 생성하면 시트르산→아이소시트르산→알

파케토글루탐산→숙시닐CoA→숙신산→푸마르산→말산→옥살로아세트산→시트르산으로 순환 회로가 계속 작동된다. TCA는 트리카르복실산tricarboxylic acid의 약자로 시트르산 회로, 구연산 회로라고도 한다.

생명 활동은 대사 작용이며, 대사 작용은 산화-환원 반응이다. 산화 대사는 전자를 잃고 분해하는 과정이고, 환원 대사는 전자와 양성자를 획득하여 분자가 커지는 반응이다. 세포는 지속적으로 다양한 대사 과정을 실행하며, 미토콘드리아의 대사 작용인 TCA 회로는 세포 생화학에서 가장 핵심적인 대사 작용이다. 거의 모든 생화학 반응은 TCA 회로와 관련되는데, 비타민 대사, 탄수화물 대사, 아미노산 대사, 핵산 대사, 에너지 대사, 지질 대사가 모두 TCA 회로가 만드는 분자들에서 출발한다.

TCA 회로의 아미노산 대사 작용은 아미노산의 합성과 분해 과정이다. 이때 20개의 아미노산이 세포질의 해당 과정을 거치면서 일부가 합성되고, 필수 아미노산은 TCA 회로를 구성하는 물질에서 합성된다. 20가지 아미노산이 생합성하는 과정을 해당 작용부터 순서대로 나열하면 다음과 같다. 해당 작용의 3포스포글리세레이트(3PG)에서 아미노산 세린serine, 글리신glycine, 시스테인cysteine을 합성하고, 피루브엔올포스파이트phosphoenolpyruvate와 에리트로스4포스파이트erythrose 4-phosphate에서 페닐알라닌phenyalanine, 티로신tyrosine, 트립토판tryptophan을 합성하고, 피루브산에서 발린valine, 알라닌alanine, 루신leucine을 합성한다.

TCA 회로는 알파케토글루탐산에서 글루탐산glutamate을 합성하고, 글루탐산에서 글루타민glutamine, 프로린proline, 아르기닌arginine을 합성한다. 옥살로아세테이트에서 아스파르트산asparalate을 합성하고, 아스파르트산에서 아스파라긴asparagine, 리신lysine, 메티오닌methionine, 트레오닌threonine, 이소루신isoleucine을 합성한다. 20개 아미노산에서 필수 아미노산 10개는 TCA 회로의 알파케토글루탐산과 옥살로아세트산에서 합성한다. TCA 회로의 핵산 대사 작용은 DNA와 RNA 분자를 합성하는 데 필요한 퓨린과 피리미딘 염기 분자가 만들어지는 과정이다.

생명 정보 분자인 DNA와 RNA를 유전 물질이라 하는데, 유전 물질의 근원은 6탄당인 포도당이다. 포도당이 세포질에서 해당 작용을 통해 3탄당인 피루브산이 되고, 피루브산이 미토콘드리아의 TCA 회로에서 알파케토글루탐산으로 바뀐다. 알파케토글루탐산에서 DNA와 RNA 분자의 구성 요소인 퓨린 염기 분자를 합성한다.

DNA와 RNA 분자를 핵산이라 하는데, 핵산 분자는 탄소 5개의 고리를 만든 5각형 5탄당 분자, 염기 분자, 인산기 분자가 결합하여 만들어진다. RNA 분자는 리보스당, 인산기, 그리고 아데닌, 구아닌, 시토신, 우라실의 네 가지 염기 중 1개로 만들어진다.

DNA 분자는 리보스당에서 산소가 1개 탈락한 디옥시리보스당, 인산기, 그리고 아데닌, 구아닌, 시토신, 티민 네 가지 염기 중 하나로 만들어진다. RNA와 DNA 두 염기 차이는 우라실과 티민이다. 다섯 가지 핵산의 염기에서 아데닌과 구아닌 염기를 퓨린Purine이라 하고 시토신, 우라실, 티민 염기를 피리미딘Pyrimidine이라 한다. 퓨린 염기는 탄소 고리가 오각형과 육각형으로 결합한 형태이고, TCA 회로의 알파케토글루탐산에서 합성한다. 피리미딘 염기는 TCA 회로의 옥살로아세트산에서 만들어진다. TCA 회로에서 핵산 대사에 필요한 리보스당이 생성되려면 세포질에서 일어나는 5탄당 인산회로라는 또 하나의 대사 작용이 필요하다. 5탄당 인산회로는 해당 작용 시작 단계 분자인 글루코스6포스파이트(G6P) 분자에서 시작한다.

5탄당 인산회로는 글루코스6포스파이트→6-포스포글루콘산→리불로 미토콘드리아 내막 안 기질에서 일어나는 TCA 회로의 생화학 작용으로 네 분자의 NADH가 생성된다. NADH 분자가 분해되면서 방출하는 2개의 전자가 내막에 삽입된 호흡효소로 전달되어 ATP 분자가 만들어진다. TCA 회로의 알파케토글루탐산과 옥살로아세트산에서 퓨린과 피리미딘 분자들이 생성되고, 여러 단계를 거쳐 핵산 분자인 DNA와 RNA가 합성된다.

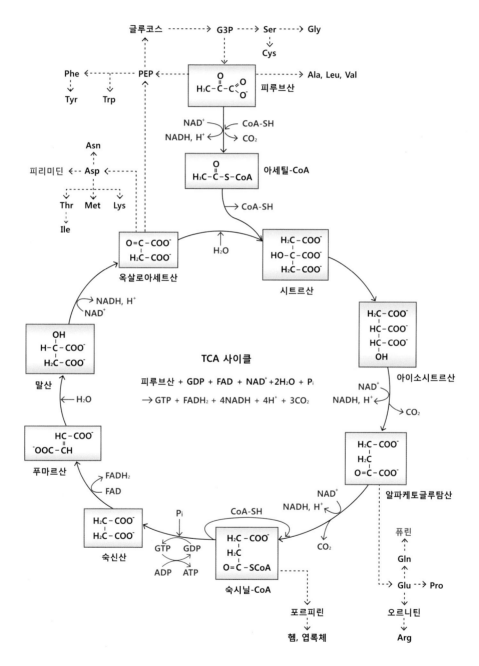

스5포스파이트→(리보스5포스파이트, 자일룰로스5포스파이트)→(세도 헵툴로스7포스파이트, 글리세르알데하이드3포스파이트)→(에리트로스4 포스파이트, 프록토스6포스파이트)→(자일룰로스5포스파이트, 프록토스 6포스파이트, 글리세르알데하이드3포스파이트)로 진행하는 대사 작용이 다.

이 과정에서 생성되는 리보스5포스파이트에서 인산기가 탈락한 분자가 리보스당이며, 리보스당은 RNA와 DNA 분자를 만든다. DNA는 디옥시 리보 핵산_{deoxyribo nucleic acid}의 약자로, 리보스당의 2번 탄소에 결합한 산소 원자를 제거한 디옥시 리보스당이 DNA의 핵심 구조다. 5탄당 인산회로 가 만든 리보스당과 TCA 회로의 알파글루탐산이 만드는 아데닌이 결합 하면 아데노신이 되고, 구아닌과 결합하면 구아노신이 된다.

아데노신에 인산기가 1개 결합하면 아데노신1포스파이트(AMP), 2개 결 합하면 아데노신2포스파이트(ADP), 3개가 결합하면 아데노신3포스파이트 (ATP)가 된다. 아데노신3포스파이트(ATP), 구아노신3포스파이트(GTP), 시 티딘3포스파이트(CTP), 티미딘3포스파이트(TTP)는 핵 속으로 이동한다. DNA 중합효소가 이 핵산 분자를 연결하는 과정에서 인산기 2개를 분리 해서 AMP, GMP, CMP, TMP 상태로 결합하여 DNA를 복제한다. 아미노 산 대사는 해당 과정과 TCA 회로에서 일어나며, 5탄당 인산회로와 TCA 회로 작용으로 핵산을 합성한다.

지질 대사에서 지질의 분해는 미토콘드리아에서 일어나는 베타-산화 _{β-oxidation} 과정이다. 베타-산화는 세포질에서 합성하는 팔미트산이 미토콘 드리아에서 분해되는 과정이다. 팔미트산은 탄소 16개가 사슬 구조로 연 결된 탄화수소이며 베타-산화 과정에서 탄소가 2개씩 7번 절단되어 분자 가 8개인 아세틸-CoA가 생긴다. 이 과정에 64개의 ATP 분자가 생성된다. 미토콘드리아의 비타민 대사, 탄수화물 대사, 아미노산 대사, 핵산 대사, 지질 대사는 세포 생화학 작용의 핵심이며, 생명 현상 그 자체다.

미토콘드리아의 대사 작용이 분자식으로 익숙해지면 생명 현상이 분자 변환 과정으로 느껴진다. 한 분자가 다른 분자로 바뀌는 과정에서는 항상 전자의 이동이 일어난다. 생명 현상은 분자의 변환과 전자의 이동 과정이다. 미토콘드리아는 양성자와 전자를 산소 분자와 결합시켜 물 분자를 만든다. 미토콘드리아 대사 과정은 전자와 양성자의 이동 과정이다. 빅뱅에서 출현한 전자와 양성자가 세포 속 분자들과 결합하고 빠져나오는 과정이 바로 생명 현상이다. 빅뱅 순간에서 생명의 출현까지는 그리 먼 거리가 아니다. 전자와 양성자의 제어된 이동을 통한 세포 생화학 작용이 진화해 지구를 푸른 생명의 행성으로 바꾸었다.

7   1차 산소혁명과 진핵세포의 진화

대기 중의 산소 분자는 지구 표층의 광물을 산화한다. 산소는 대기 중에 1퍼센트 정도만 존재했는데도 산소로 인해 지구 표면 대부분의 광물이 산화되었다. 산소 원자는 6개의 최외각전자를 가지기 때문에 전자 2개를 더 획득하면 불활성 기체인 네온의 전자 배치가 되어 안정될 수 있다. 그래서 산소 원자는 주변의 분자에서 전자 2개를 획득하지만 전자를 잃은 분자는 산화된다. 46억 년 전부터 20억 년 전까지 지구 대기의 주성분은 질소 분자와 이산화탄소 분자였다. 대략 35억 년 전부터 시작한 시아노박테리아의 물 분해형 광합성으로 20억 년 전부터 대기 중에 산소가 1퍼센트 정도 축적되었다.

식물의 엽록체는 시아노박테리아에서 기원하며, 녹색식물 엽록체의 시아노박테리아는 물 분해형 광합성을 한다. 식물은 엽록체를 통해 광합성으로 ATP 에너지 분자를 생성하는 독립 영양 다세포 생명체다. 태양 빛에너지에 의해 이산화탄소와 물 분자가 광합성되면 포도당과 산소 분자가 생성된다. 이 과정을 분자식으로 표기하면 $6CO_2 + 6H_2O \rightarrow C_6H_{12}O_6 + 6O_2$이다. 포도당($C_6H_{12}O_6$) 분자를 구성하는 수소 원자는 물 분자에서 획득한다. 포도당을 합성하려면 수소 원자가 필요한데, 황세균은 황화수소(H_2S)에서 수소를 획득하지만 시아노박테리아는 물 분자(H_2O)에서 수소 원자를 획득한다. 그래서 시아노박테리아에 의한 광합성을 물 분해형 광합성이라 한다. 물을 분해해서 수소를 획득하는 방식의 광합성은 많은 박테리아 중에서 오직 시아노박테리아만이 성공했다.

황화수소를 분해하는 광합성에서는 황 원자(S)가 부산물로 생성되어 화산 지대에 노란 황 가루를 남긴다. 시아노박테리아는 홍세균과 녹색황세균을 이용한 두 가지 광합성 과정을 통합해 700나노미터와 680나노미터 파장의 빛을 이용하여 물 분해형 광합성에 성공한다. 물 분해형 광합성의 부산물로 산소 분자가 방출됨으로써 지구 생명 진화의 거대한 도약이 이루어졌다. 시아노박테리아의 물 분해형 광합성은 빛 에너지로 물 분자를 분해하는 $2H_2O \rightarrow O_2 + 4e^- + 4H^+$ 과정이며, 산소 분자(O_2)가 부산물로 생긴다.

지구의 자기장은 약 27억 년 전부터 시작되어 태양풍을 차단하는 등 지구 대기층의 보호막이 되었고, 약 24억 년 전부터 오존층이 태양 자외선을 흡수해주었다. 24억 년 이전의 원핵세포인 박테리아들은 자외선이 감쇄된 바닷속에서만 생존할 수 있다. 바닷물 속의 시아노박테리아는 물 분해형 광합성 과정에서 부산물로 생겨난 산소 분자를 바닷물 속으로 방출했다.

산소 분자가 거의 없던 지구 초기 바닷물 속에는 2가 철(Fe^{2+})이 대규모로 녹아 있었다. 지금도 흑해의 깊은 바다에는 산소가 없기 때문에 2가 철이 풍부해 바다 색이 검다. 약 30억 년 전부터 시아노박테리아의 물 분해형 광합성으로 인해 산소 분자가 바다로 방출되면서 기체 산소 분자에 의해 2가 철이 산화되어 3가 철(Fe^{3+})로 전환되었다. 3가 철은 산소 분자와 결합해 $2Fe^{3+} + 3O_2^{2-} \rightarrow Fe_2O_3$ 과정을 통해 산화철(Fe_2O_3)을 생성했다. 시아노박테리아에 의한 물 분해형 광합성의 결과로 생겨난 산소 분자가 초기 바닷물의 철 이온을 산화시켰다. 이로 인해 대량의 산화철이 만들어져 수천만 년에 걸쳐 해양 바닥에 퇴적되었다고 추정된다. 이러한 과정에서 생성된 산화철 광상을 호상철광층banded iron formation(BIF)이라 한다.

호상철광층은 27억 년 전에서 18억 년 전 사이에 대규모로 형성되었으며, 지구 철 생산량의 80퍼센트 이상이 호상철광층에서 나온다. 시아노박테리아에 의한 물 분해형 광합성의 결과는 세 가지로 요약될 수 있다. 첫째는 호상철광층의 형성, 둘째는 대기 중 산소 분자의 축적이다. 바닷물 속의 2가 철을 모두 산화시켜 호상철광층을 만든 후에도 광합성은 계속되었다. 그 결과 생성된 산소 분자는 드디어 바닷물에서 대기 중으로 방출되었다.

24억 년 이전의 지구 대기층에는 질소 분자, 이산화탄소 분자, 메탄 분자는 많았던 반면, 산소 분자는 거의 없었다. 물 분해형 광합성의 부산물로 생겨난 산소 분자가 대기층으로 방출되어 24억 년 전에 대기 중에 산소 분자가 1퍼센트 정도 축적되었다고 추정된다. 시아노박테리아가 촉발한 물 분해형 광합성의 세 번째 결과는 대기 중에 축적된 산소 분자에 의한 지구 표면의 대규모 산화 현상이다. 대륙 표층을 구성하는 대부분의 광물은 약 20억 년 전부터 산소와 결합하여 새롭게 생겨난 3000여 종류의 산화 광물이다.

대기 중 산소 분자에 의한 대륙의 대규모 산화 현상을 1차 산소혁명이라 한다. 20억 년 전까지는 대략 1000여 종의 광물만 존재했지만 1차 산소혁명으로 지구의 광물은 4000종 이상이 되었다. 1차 산소혁명을 통해 지구 표층에 다양한 산화 광물이 출현했다. 대기 중 산소 분자가 축적되면서 산소를 사용하는 미토콘드리아의 산소 호흡이 진화되어 원핵세포에서 진핵세포가 출현하기도 했다.

행성 지구에 출현한 최초의 생명체는 약 40억 년 전의 원핵세포다. 원핵세포는 핵막과 미토콘드리아가 없는 단세포 생명체이며 박테리아다. 원핵세포에는 진정세균과 고세균 두 종류가 있다. 고세균에는 100도의 고온에서도 생존하는 고열세균과 소금 성분이 많은 곳에서도 번성하는 호염세균이 있다. 고세균에서는 고열세균, 호염세균, 메탄생성세균, 황산염환원세균이 중요하다. 진정세균에는 녹색황세균, 시아노박테리아, 프로테오박테리아가 있는데, 알파프로테오박테리아에서 미토콘드리아가 진화하고 시아노박테리아에서 식물의 엽록체가 출현했다. 진핵세포는 진핵생물이라고도 하는데, 핵막과 미토콘드리아가 세포 내에 존재한다. 진핵세포가 모여서 다세포 생물이 되었다.

알파프로테오박테리아에서 진화한 박테리아는 숙주 세포에 포획되었지만 숙주 세포 안에서 분해되지 않고 세포내공생에 성공해 미토콘드리아가 되었다고 추정된다. 미토콘드리아와 공생하기 시작한 숙주 세포는 진핵세포로 발전한다. 진핵세포 속의 미토콘드리아는 세포 속으로 확산해 들어오는 산소 분자에 수소 원자를 결합하여 물 분자로 환원하는 과정에서 에너지를 생산한다.

시아노박테리아의 물 분해형 광합성의 핵심 과정은 물이 분해되어 산소 분자가 출현하는 산화 과정이고, 미토콘드리아의 호흡은 그 반대의 과정, 즉 산소 분자에서 물 분자가 합성되는 환원 과정이다. 24억 년 전부터 대기 중에 1퍼센트 정도 축적된 산소 분자가 진핵세포 내의 미토콘드리아 속으로 확산되었다. 미토콘드리아 속으로 확산된 산소 분자는 미토콘드리아 내막에 삽입된 호흡효소 단백질과 결합한다.

미토콘드리아가 영양물질을 분해하는 과정에서 방출하는 전자는 막에 결합한 전자전달 단백질 사이로 이동한다. 이러한 전자 이동 과정에서 생긴 정전기력에 의해 미토콘드리아 내막 안 기질 속의 양성자가 막간 공간 속으로 이동한다. 미토콘드리아의 막간 공간에 쌓이는 양성자의 농도가 높아지면, 고농도의 양성자들이 ATP 합성효소를 통해 다시 내막 안으로 확산되어 유입된다. 이 과정에서 ADP 분자에 인산기가 첨가되어 ATP라는 생체 에너지 분자가 만들어진다.

식물, 동물, 박테리아는 모두 ATP 합성효소를 갖고 있다. ATP 합성효소를 이용해 ATP 분자를 합성하는 과정이 바로 호흡이다. 호흡 과정의 핵심은 미토콘드리아 내막에 삽입된 단백질 사이에서 이루어지는 전자의 제어된 이동 과정이다. 이동을 마친 전자를 회수하는 분자는 다양한데, 미토콘드리아는 산소 분자를 이용하여 전자를 회수한다. 그래서 미토콘드리아에 의한 호흡을 산소호흡이라 한다. 다양한 박테리아들은 산소 분자가 아닌 금속 양이온을 이용하여 전자를 회수하는 환원 과정의 호흡을 통해 ATP 분자를 만든다.

24억 년부터 쌓이기 시작한 대기 중 산소 분자가 약 20억 년 전에는 1퍼센트 정도로 축적되어 지구 표층의 암석들을 대규모로 산화시켰다. 이때 다양한 산화 광물이 생성되는 1차 산소혁명이 일어났다. 1차 산소혁명으로 산소호흡 능력을 획득한 박테리아가 다른 세포 속에 들어가 공생함으로써 진핵세포가 출현했다. 지구 최초의 진핵세포는 19억 년 전에 출현한 그리파니아 스피럴리스Grypania spiralis라는 생명체다. 그 후 대기 중 산소 농도가 높아짐에 따라 6억 년 전에 다세포 생물이 출현하고, 5억 4000만 년 전에 다세포 해양 절지동물이 폭발적으로 진화했다. 이 과정을 캄브리아 대폭발이라 한다. 지구 생명 진화는 시아노박테리아가 촉발한 1차 산소혁명으로 가속화되어 어류에서 사지동물, 양막류, 포유류로 이어졌다.

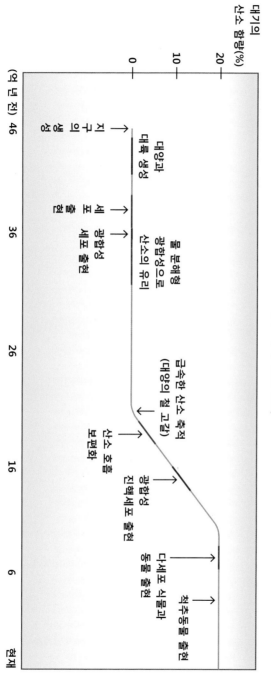

20억 년 전의 1차 산소혁명으로 대기 중 산소 농도가 1퍼센트 정도가 되었고, 약 6억 년 전 선캄브리아대에 지구 전체가 동결한 결과로 2차 산소혁명이 일어나 대기 중 산소 농도는 21퍼센트까지 증가했다. 출처: B. Alberts, 《필수세포생물학》(2판), 교보문고, 487쪽.

지구 대기 산소 변화

8   2차 산소혁명과 다세포 생물의 진화

약 20억 년 전 1차 산소혁명으로 지구 표층에 3000여 종의 산화 광물이 출현했다. 생명 진화의 첫 번째 추진력인 1차 산소혁명을 통해 원핵세포에서 진핵세포가 진화했다. 두 번째 생명 진화의 추진력은 약 7억 년 전에 시작한 신원생대의 2차 산소혁명으로, 이때 다세포 생물이 출현했다. 신원생대의 2차 산소혁명은 지구 전체가 동결한 눈덩이 지구 현상의 결과다. 눈덩이 지구의 빙하가 녹으면서 시아노박테리아가 급속도로 크게 번성했다. 이 결과 약 6억 년 전에 대기 중 산소 농도가 20퍼센트로 증가했다. 눈덩이 지구 이론은 1990년대에 출현한 새로운 지구과학 이론이다. 지질 현상은 시대 구분을 명확히 해야 체계적으로 이해된다. 원생대는 25억 년 전에서 5억 4000만 년 전까지 19억 6000만 년의 긴 지질시대이며, 고원생대, 중원생대, 신원생대로 나뉜다.

고원생대는 25억 년 전에서 19억 년 전까지의 약 6억 년간을 말하며, 중원생대는 19억 년 전에서 10억 년 전까지 9억 년의 기나긴 지질시대를 말한다. 중원생대는 중간바다intermediate ocean 시대라고도 하는데, 이때 지구의 해양 생태계는 표층의 시아노박테리아와 심층의 황산염환원세균으로 양분되었다. 신원생대는 10억 년 전에서 5억 4000만 년 전까지의 4억 6000만 년의 기간으로, 토니아기Tonian period, 크라이오제니아기Cryogenian period, 에디아카라기Ediacaran period로 구분된다.

신원생대 토니아기는 10억 년 전에서 8억 5000만 년 전 사이의 1억 5000만 년 기간이며, 크라이오제니아기는 8억 5000만 년 전에서 6억 4000

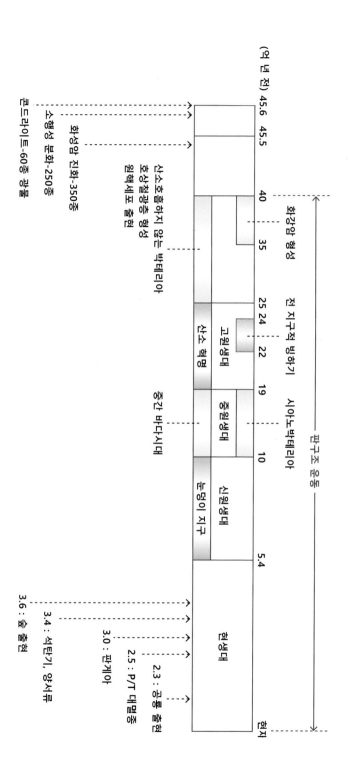

만 년 전까지의 2억 1000만 년 기간이다. 크라이오제니아기는 전체 중생대 기간 중 가장 길다. 크라이오제니아라는 명칭은 극저온을 의미하는데, 이 기간 동안 스터티언Sturtian 빙하기와 마리노안Marinoan 빙하기가 전 지구적으로 출현했다. 스터티언 빙하기 때는 약 7억 3000만 년 전에 시작된 눈덩이 지구 사건으로 지구가 온통 빙하로 덮여 있었다. 열대 바다를 포함해서 해양에는 약 1킬로미터 두께의 빙하가, 대륙에는 약 2킬로미터 두께의 빙하가 덮였고, 지구의 평균 기온은 영하 40도였을 것으로 추정된다. 열대 지역에는 빙하가 없었다는 주장도 일부 있지만 전 지구적 빙하기였음에는 학자들이 대체로 동의한다.

마리노안 빙하기는 6억 7000만 년 전에 시작된 대빙하기다. 이 두 빙하기보다 좀더 규모가 작은 가스키어스Gaskiers 빙하기가 5억 8000만 년 전에 시작했다. 대규모 빙하에는 빙퇴석, 다이아믹타이트diamictite, 빙하가 암반을 식각etching한 흔적이 있다. 빙퇴석은 빙하가 녹으면서 빙하 아래에 박혀 있던 암석 파편들이 한곳에 집적된 돌무더기이며, 다이아믹타이트는 빙하가 형성한 지층 위 빙하에서 분리되어 이동한 큰 암석이다. 신원생대의 특징적인 현상은 빙하 퇴적 지층 바로 위에 탄산염층으로 덮인 지층 구조가 나타난다는 것인데, 이를 덮개 탄산염cap carbonate 층이라 한다. 탄산염은 온난한 바다에 퇴적되는 석회암으로, 바다 생물들의 번성과 관련이 있다.

신원생대 지구 대빙하기에는 지구 표층이 대부분 빙하로 덮이지만 화산 활동은 빙하와 무관하게 계속되어 대기 중으로 이산화탄소를 방출했다. 대기 중의 이산화탄소는 대부분 바다에 녹아 들어가지만, 바다가 빙하로 덮이면 대기 중에 이산화탄소가 계속 쌓여 강한 온실효과가 생긴다. 화산에서 방출된 이산화탄소가 대기 중에 축적되어 온실효과가 나타나 지구 기온은 급격히 상승해 빙하가 녹았다.

신원생대 해양과 대륙을 덮었던 빙하가 사라지고 고온으로 인해 해양 식물성 플랑크톤과 시아노박테리아의 광합성이 활발해져 산소 분자와 유기물 생성이 급격히 증가했다. 전 지구적 빙하기에 급격한 온도 상승을 동반한 폭우로 인해 대륙 암석이 풍화되고 인산염이 해양에 대규모로 유입되어 세포 증식이 활발해져 해양 플랑크톤이 급증했다.

신원생대의 눈덩이 지구가 해빙된 후 해양으로 인산염이 대량 유입되고, 물 분해형 광합성이 폭증해 지구 대기의 산소 농도가 급격히 증가한 현상을 신원생대의 2차 산소혁명이라 한다. 그 결과 약 6억 년 전에는 대기 중 산소 농도가 20퍼센트에 달하게 된다. 20억 년 전 1차 산소혁명의 결과 원핵세포에서 진핵세포가 진화했고, 6억 년 전 2차 산소혁명으로 다세포 생물이 출현했다. 생명의 진화는 대기 중 산소 농도 증가와 밀접하게 관련되어 있다. 산소 분자의 강한 산화력으로 생명 진화가 가속되었다.

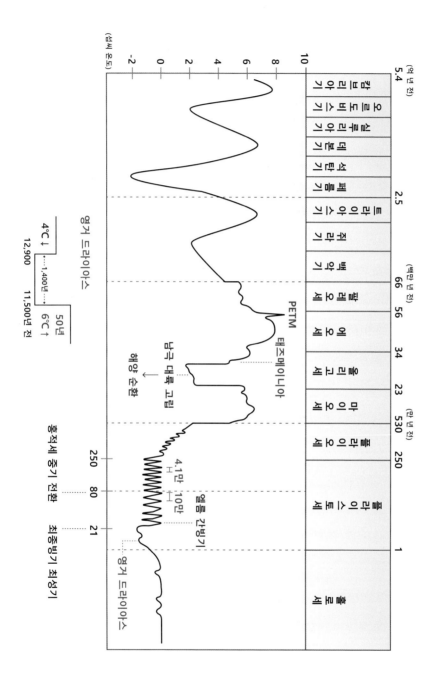

고생대, 중생대, 신생대의 지구 평균 기온 변화. 출처: Glen Fergus, Global average temperature estimates for the last 540 My, https://commons.wikimedia.org/wiki/File:All_palaeotemps.png.

지구의 탄생부터 현재까지의 지질시대 구분(단위: 억 년 전)

· 명왕누대 (46-40)

· 시생누대 (40-25)

· 원생누대 : 고원생대 (25-16)

　　　　　　　중원생대 (16-10)

　　　　　　　신원생대 (10-5.4)　　토니아기 (10-8.5)

　　　　　　　　　　　　　　　　　크라이오제니아기 (8.5-6.5)

　　　　　　　　　　　　　　　　　에디아카라기 (6.5-5.4)　┬ 스터티언 빙하기 (7.2)

　　　　　　　　　　　　　　　　　　　　　　　　　　　　├ 마리노안 빙하기 (6.4)

　　　　　　　　　　　　　　　　　　　　　　　　　　　　└ 가스키어스 빙하기 (5.8)

· 고생대 : 캄브리아기 (5.4-4.8)　　　데본기 (4.2-3.6)

　　　　　　오르도비스기 (4.8-4.4)　　석탄기 (3.6-2.9)

　　　　　　실루리아기 (4.4-4.2)　　　페름기 (2.9-2.5)

· 중생대 : 트라이아스기 (2.5-2.0)

　　　　　　쥐라기 (2.0-1.4)

　　　　　　백악기 (1.4억-6.6천만 년 전)

· 신생대 : 　제3기 고기　　　　　　　제3기 신기　　　　　　　제4기

　　　　　　팔레오세 (6.6-5.6)　　마이오세 (2.3-530만 년 전)　플라이스토세 (250-1)

　　　　　　에오세 (5.6-3.4)　　　플라이오세 (530-250)　　　홀로세 (1만 년 전-현재)

　　　　　　올리고세 (3.4-2.3)

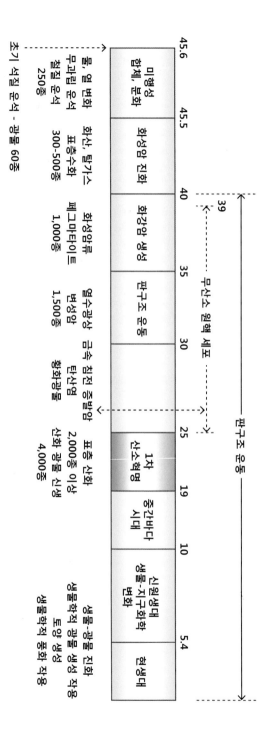

9   캄브리아 대폭발

고생대 캄브리아기 동안 다양한 해양 절지동물 종이 출현했다. 고생대는 5억 4000만 년 전에서 2억 5000만 년 전까지 약 3억 년의 기간이며, 캄브리아기, 오르도비스기, 실루리아기, 데본기, 석탄기, 페름기로 나뉜다. 신원생대에 있었던 세 번의 빙하기인 스터티언, 마리노안, 가스키어스로 지구 동결이 끝나고 6억 년 전에 대기 중 산소 농도가 현재 수준인 20퍼센트로 높아지면서 다세포 동물이 출현했다. 호주의 에디아카라 사암 지층에서 발견된 화석은 나뭇잎 형태의 해양 다세포 동물로, 현재의 동물과는 직접 관련되지 않는다. 에디아카라 동물군에 이어서 고생대 캄브리아기에 번성한 해양 절지동물의 화석이 캐나다 버제스셰일 지층에서 다량으로 발견되었다.

캄브리아기 절지동물의 다양화는 동물의 체형을 결정하는 혹스 유전자의 변이로 절지동물의 몸 설계가 다양해짐으로써 나타났다. 이때 척추동물의 선조인 척삭동물의 화석도 발견된다. 고생대 캄브리아기 절지동물 종의 다양화를 캄브리아 대폭발이라 하는데, 어류의 기원인 척삭동물 피카이아도 캄브리아기에 출현했다. 오르도비스기에는 해양 무척추동물이 번성하여 삼엽충trilobite, 완족류brachiopod, 필석류graptolite가 등장하고 피부를 골격으로 감싼 갑주어가 출현했다.

데본기에는 대규모의 산호섬이 출현하고 물고기들이 번성했다. 물고기의 시대인 데본기에는 길이가 2미터가 넘고 두꺼운 골격과 강한 턱을 가진 판피어류가 등장했다. 데본기의 작은 물고기들은 큰 포식성 물고기를 피해 바다로 흘러들어오는 작은 강을 향해 이동했다. 실루리아기부터 진행된 칼레도니아 조산운동으로 높은 산맥이 형성되고, 높은 산에서 흘러내린 긴 강들이 출현하여 고생대 데본기인 약 3억 7000만 년 전에는 강가에 양치식물 숲이 번성하기 시작했다.

큰 물고기를 피해 좁은 강으로 진출한 아란다스피스 같은 작은 물고기들은 좁은 강에 떨어진 양치식물의 낙엽과 나뭇가지를 앞지느러미로 헤쳐가면서 이동했다. 이 과정에서 일부 작은 물고기들은 지느러미를 움직이는 근육이 발달해 육지 상륙을 시도했다. 데본기 말인 약 3억 6000만 년 전부터 물고기들이 육상으로 진출하여 양서류로 진화하면서 석탄기에 양서류가 번성하기 시작했다. 3억 6000만 년 전에서 2억 9000만 년 전까지 7000만 년 동안 지속된 석탄기는 미시시피기와 펜실베이니아기로 나뉜다.

석탄기 초기에는 고온 다습한 기후로 산소 농도가 이전 5억 년 그 어느 때보다도 높아져 30퍼센트에 도달하였다. 대기 중의 산소 농도가 높아지면서 공기 밀도가 높아져서 곤충들이 쉽게 날아갈 수 있었고, 열대림처럼 숲이 번성하여 고온 다습한 환경에서 양서류들이 번성했다. 석탄기 초기에 번성했던 양치식물은 뿌리가 약해 폭우에 쉽게 쓰러져 흙더미에 매몰되었다. 그러나 식물체를 분해하는 버섯과 균류가 많지 않아 매몰된 양치식물이 분해되지 않고 석탄으로 암석화되어 석탄기라는 이름이 생겼다.

식물은 살아 있을 때는 산소 분자를 대기 중으로 방출하지만 죽어서 분해될 때는 산소를 소모한다. 광합성의 결과로 생성되는 산소는 식물이 분해되는 과정에서 모두 사용된다. 식물의 분해 과정은 천천히 산소와 결합하는 느린 연소 과정이므로 산소를 소모하고 이산화탄소를 발생시킨다. 나무를 태웠을 때 산소가 소모되고 이산화탄소가 생기는 것과 같은 현상이다.

석탄기 초기에는 식물이 분해되지 않은 채 매몰되어 분해에 소모되는 양만큼의 산소가 대기 중에 남게 되어 산소 농도가 30퍼센트까지 치솟았다. 식물의 몸체는 이산화탄소로 고정된 셀룰로오스이므로 분해되지 않고 매몰되면서 몸체에 해당하는 이산화탄소가 공기 중에서 사라진다. 양치식물 숲이 매몰되면서 석탄기 중기부터 대기 중의 이산화탄소가 갑자기 감소해 온실효과가 감소하고 남반구에 빙하시대가 시작되었다. 석탄기 초기에는 고온 다습하고 대기 중 산소 농도가 높아서 양서류와 육상 절지동물이 번성했다. 양치식물이 매몰되어 석탄이 되면서 대기 중 이산화탄소가 감소해 약 3억 년 전인 석탄기 중반부터 남반구에 빙하 시대가 도래한 사건은 현재의 지구 온난화를 이해하는 핵심 과정이다.

석탄기 초기인 미시시피기에는 온난 다습하여 양치식물과 육상 절지동물인 곤충류가 번성했지만, 후기인 펜실베이니아기에는 기온이 낮아지면서 양서류에서 파충류가 진화했다. 고생대 후기에는 포자로 번식하는 양치식물에서 종자 양치식물이 진화하여 중생대의 종자식물인 나자식물로 발전했다. 종자 양치식물인 종자 고사리의 화석을 인도의 곤드와나 지역에서 발견했기 때문에 곤드와나 초대륙이라는 이름이 생겼다. 석탄기에 이어 고생대 마지막 시기 페름기는 2억 9000만 년 전에서 2억 5000만 년 전까지의 지질시대이며, 이 시기에는 파충류에서 포유동물로 진화하는 과정으로 포유류형 파충류가 번성했다. 포유류형 파충류인 키노돈트cynodont는 약 2미터 크기로 페름기 말 대멸종 시기에 멸종했다.

2억 5000만 년 전 페름기 말기의 대멸종은 지난 5억 년 동안 다섯 차례 일어난 생물 멸종 사건 중 가장 규모가 크며, 해양 생물 종의 약 90퍼센트가 이때 멸종했다. 페름기 말기 대멸종의 원인은 여러 가지가 제시되었는데, 그중에서 시베리아의 대규모 현무암 홍수가 관련이 있다고 추정된다.

고생대 생물 진화의 핵심은 2차 산소혁명의 결과 20퍼센트로 높아진 대기 중 산소 농도에 의한 다세포 생물의 번성이다. 고생대, 중생대, 신생대를 합쳐 현생대라고 한다. 다세포 생물이 행성 지구의 대기, 대양, 대륙에서 번성한 이 시기는 생명 현상이 드러나 눈에 보인다는 의미에서 현생대라고 불린다.

10   산호가 대륙을 만들다

산호는 산호섬을 만들어 해양 생태 환경을 바꾼다. 이배엽 동물인 산호는 단독 생활하는 독립산호와 무리 지어 산호섬을 만드는 조초산호로 구분된다. 산호가 만드는 섬을 산호초coral reef라 한다. 고생대 데본기에 조초산호에 의해 산호섬이 대규모로 만들어졌다. 독립산호는 공생하는 조류가 없는 반면 조초산호는 광합성하는 와편모 조류와 공생한다. 와편모 조류는 광합성 산물인 포도당을 산호에 공급해준다. 단세포 조류에는 광합성 식물성 플랑크톤이 있으며 다세포 조류에는 홍조류, 갈조류, 녹조류가 있다. 녹조류에서 초기 육상 녹색식물이 진화했다.

산호는 남북위 30도 이내의 열대와 수온 18도 이상인 아열대 바다에서만 서식한다. 조초산호는 공생하는 와편모 조류가 광합성할 수 있는 30미터 이하의 얕은 바다에서 서식하며, 탄산칼슘($CaCO_3$)을 분비해 산호섬을 만든다. 산호는 2개 세포층(내배엽과 외배엽)으로 구성되며, 외부층 세포에 먹이를 사냥하는 작살을 감추고 있어 자포동물이라 한다. 자포동물에는 산호, 말미잘, 해파리가 있는데, 독침으로 먹이를 마비시킨다. 자포동물의 생활사는 폴립과 메두사의 세대 교번이며, 산호와 말미잘은 폴립 형태이고 해파리는 메두사 형태로 생활한다. 산호섬 주변이 맑고 투명한 이유는 산호가 부유하는 플랑크톤을 지속적으로 잡아먹어 태양 광선이 부유물에 차단되지 않기 때문이다.

투명한 바다는 공생하는 조류의 광합성 효율을 높여준다. 산호에 공생하는 와편모 조류는 산호에게서 유기물과 안전한 주거 장소를 제공받고 자신은 광합성으로 생성한 포도당을 산호에게 공급해준다. 산호는 포도당과 단백질을 혼합한 점액질 보호막을 지속적으로 분비한다. 산호섬 주변의 물고기, 게, 해양 무척추동물은 산호가 분비하는 점액질을 먹으려고 몰려들어 복합적인 해양 생태 환경을 만든다.

열대와 아열대 바다는 햇살과 자외선이 강해 식물성 플랑크톤의 광합성 과정에서 활성산소가 많이 생성된다. 이로 인해 광합성 효율이 낮아져 열대 바다는 차가운 바다보다 생산성이 낮아진다. 산호섬은 생산성이 낮은 열대와 아열대 바다에서 유일하게 영양분이 풍부한 생태 환경이 만들어지는 지역이다. 바닷물이 산성화되면 와편모 조류는 더 이상 산호와 공생할 수 없어 산호에서 방출된다. 산호에서 갈색 조류가 빠져나가면 산호 바닥의 하얀 석회암이 드러나 보이는 백화 현상이 일어난다. 산호는 고생대 캄브리아기 초기부터 바다에 서식했고, 6억 년 전 원생대 에디아카라 시대에도 생존했다고 추정되므로 지구상에서 가장 오래된 다세포 생물이라 할 수 있다.

삼엽충이 고생대부터 중생대까지 3억 년간 생존했고, 공룡이 1억 5000만 년 정도 생존했다면 산호는 후기 원생대부터 현재까지 거의 6억 년간 생존한 종이다. 산호섬을 만드는 조초산호에는 사방산호, 판상산호, 육방산호가 있다. 사방산호와 판상산호는 오르도비스기에서 페름기 말까지 생존했는데, 판상산호가 분비하는 탄산칼슘이 방해석이다. 육방산호는 탄산칼슘인 아라고나이트aragonite를 외피로 두르고서 중생대 트라이아스기에서 현재까지 산호섬을 만들고 있다. 호주 동부 해안의 그레이트배리어리프Great Barrier Reef는 길이가 3000킬로미터, 폭이 300킬로미터로 신생대 마이오세부터 형성되기 시작한 거대한 산호섬이다.

호주 윈드자나국립공원 안에 있는 길이 200킬로미터의 산맥은 데본기 바닷속에서 형성된 산호 산맥이 육지로 융기한 것이다. EBS 방송 촬영으로 윈드자나 산호 절벽을 탐색하면서 삼엽충 화석과 석회암의 풍화 과정을 살펴본 기억이 새롭다. 산호, 해면, 그리고 인간은 지구에서 거대한 구조물을 만든 생명체다. 산호와 해면동물의 주거지인 산호섬과 인간의 아파트는 모두 탄산칼슘인 석회암이 중요한 재료이다. 석회암은 해양 생물의 퇴적암으로, 석회암이 발견되는 지역은 과거 바다였던 곳이다.

해파리, 산호, 말미잘은 세포가 작살을 발사해 먹이를 잡는다. 군집 생활을 하는 조초산호는 탄산칼슘을 분비하여 산호섬을 만든다.

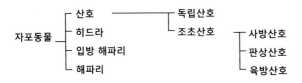

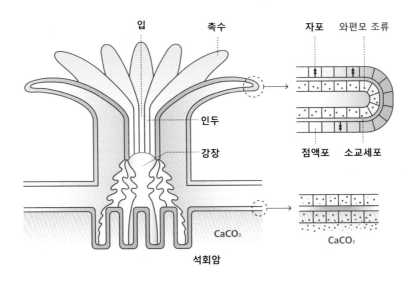

석회암

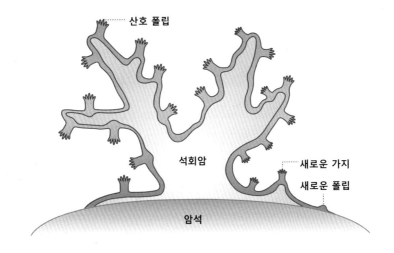

11   해양 무척추동물의 시대

다세포 동물은 척추동물과 무척추동물로 분류하는 것이 핵심이다. 원생대 바다에는 물고기가 없었다. 고생대 초기에도 다양한 종의 무척추동물이 번성했다. 고생대의 중요한 무척추동물에는 삼엽충, 완족류, 필석, 산호가 있었으며, 척추동물에는 코노돈트, 원구류, 무악어류, 갑주어, 판피어류가 있었다. 삼엽충은 캄브리아기에서 페름기 말기까지 1만 5000여 종이나 번성했지만, 페름기 말 대멸종으로 사라졌다. 완족류는 조개와 비슷하지만 지금은 거의 멸종한 고생대 초기 표준 화석이다. 완족류는 조개와 모양은 비슷하지만 조개와 달리 두 껍질의 크기가 다르다. 필석은 반삭동물로, 캄브리아 중기에서 초기 석탄기까지 생존했으며 실루리아기의 표준 화석이다. 코노돈트는 캄브리아기에서 중생대 트라이아스기까지 발견되는 날카로운 톱날 형태의 인산칼슘 화석으로 남아 있는데, 오랫동안 그 정체가 드러나지 않았으나 초기 무악어류의 이빨로 밝혀졌다. 무악어류는 턱이 발달하지 않은 고생대 전기의 먹장어와 칠성장어로, 근육질이 발달한 원형의 입이 있는 척삭동물이다.

갑주어와 판피어류는 실루리아기와 데본기에 번성한 종으로, 턱이 발달하고 단단한 외피를 두른 물고기인데 현재는 모두 멸종했다. 고생대 척추동물의 선조는 캐나다 버제스셰일에서 발견된 물고기 형태의 피카이아로 추정된다. 해양 절지동물인 삼엽충의 눈은 방해석 광물이며, 코노돈트의 이빨은 인산칼슘 광물로 되어 있다. 고생대 캄브리아기에는 다양한 종의 해양 절지동물이 번성했고, 이 동물들의 탄산칼슘 외피가 화석으로 남아 있다.

가장 초기 동물은 특화된 기능이나 분화된 조직이 없는 해면동물이다. 분화된 조직이 있는 동물은 몸의 형태에 따라 방사 대칭과 좌우 대칭 동물로 구분된다. 좌우 대칭 동물은 발생 시기에 입이 먼저 만들어지는 선구동물과 항문이 먼저 형성되는 후구동물로 나뉜다. 후구동물에는 극피동물과 척삭동물이 있으며, 척추동물은 척삭동물에서 진화했다.

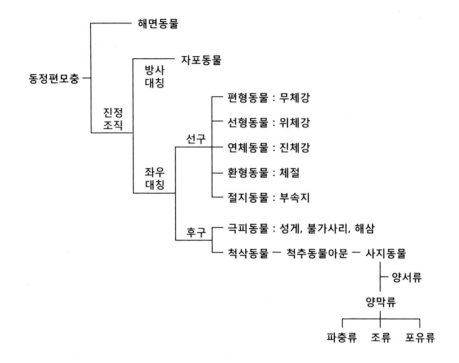

12   어류, 땅을 딛다

　　해양 척추동물인 어류의 진화는 육상 척추동물의 출현으로 연결된다. 경골어류에서 양서류로의 진화에 관해서는 아직 모든 단계가 구체적으로 밝혀지지 않았지만, 어류에서 양서류로 진화하는 중간 단계인 절추목 동물에서 양서류가 진화했다고 추정된다. 최초의 해양 척추동물은 어류이며 육상 척추동물의 시작은 양서류다. 인간은 육상 척추동물이다. 척추동물 진화는 물고기에서 인간에 이르는 환경 적응 과정이다. 척추동물은 고생대 캄브리아기에 시작해 중생대를 거쳐 신생대 현재까지 5억 년에 걸쳐 진화했다. 캄브리아기에 시작된 갑피무악어류가 트라이아스기까지 생존했고, 턱이 없는 무악어류에서 턱이 있는 악구류가 진화했다. 척추동물의 진화에서 중요한 첫 단계는 턱과 이빨의 출현이다.

　　턱이 등장함으로써 큰 먹이를 턱으로 잡아서 삼킬 수 있어 물고기의 크기가 수 미터로 커지고, 사냥 경쟁도 치열해져 물고기의 진화가 가속되었다. 고생대 오르도비스기에 최초로 턱이 있는 물고기인 악구류가 출현했고, 악구류에서 연골어류와 경골어류가 나뉘었다. 데본기 말에서 석탄기 초기에 진화가 가속되어 연골어류에서 홍어와 상어가 분화되었고, 경골어류는 신생대 바다에서 가장 다양한 종으로 번성했다. 고생대 데본기에 경골어류가 육지로 상륙하여 양서류로 진화하면서 육상 척추동물의 역사가 시작되었다.

　　물고기가 육지로 진출하는 과정은 인류가 달에 착륙한 사건보다 훨씬 더 중요한 척추동물의 진화적 도약이다. 물고기가 육지 환경에 적응하려

척추동물은 턱의 유무에 따라 무악류와 유악류로 나뉘는데, 고생대 데본기에 유악류에서 진화한 경골어류가
번성하기 시작했다. 경골어류는 조기어류와 육기어류로 구분되고, 육기어류가 사지동물로 진화했다.

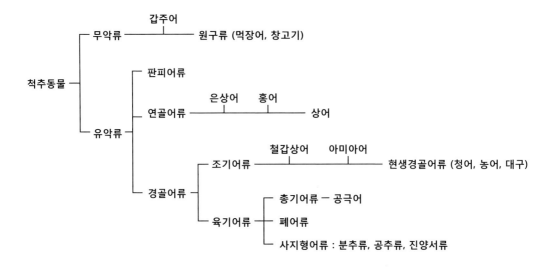

면 골격 구조와 호흡 과정이 변해야 한다. 물고기가 건조한 육상 환경에
적응하려면 수분 손실을 막는 기능이 진화해야 하며, 아가미 호흡에서 허
파 호흡으로 전환해야 하고, 중력을 극복하기 위해 사지가 발달해야 한다.
먹이를 향한 움직임을 위해 시각과 운동이 긴밀하게 연결되어야 한다. 물
고기에서 진화한 양서류는 알과 올챙이 시기에는 물을 벗어날 수 없고, 개
구리가 되어야만 건조한 육지에서 잠시 생존할 수 있다. 피부에서 수분 증
발이 심해지면 탈수로 인해 생존할 수 없다. 식물과 동물이 육상 환경에
적응하는 데 필요한 핵심 기능은 탈수 방지다. 데본기에 큰 물고기를 피해
좁은 강으로 이동한 작은 물고기들은 강의 수초를 헤치면서 앞지느러미의
근육이 발달하기 시작했다.

화석 발굴을 통해 드러나는바 물고기의 육상 진출은 약 3억 9000만 년 전부터 3억 6000만 년 전 사이의 3000만 년 동안 이루어졌다. 에우스테놉테론eusthenopteron, 판데리크티스panderichthys, 틱타알릭tiktaalik, 아칸토스테가acanthostega, 이크티오스테가ichthyostega가 차례로 진화했다. 에우스테놉테론은 두개골이 어깨뼈에 결합하여 목이 존재하지 않았고, 골반이 척추와 분리되었으며, 눈은 둥근 머리의 양 측면에 위치했다.

물고기는 목이 없어 몸 전체로 방향을 바꾸어야 옆을 볼 수 있다. 에우스테놉테론은 지느러미에 근육이 발달했을 뿐 물고기에 더 가깝다. 북극해 지역에서 발견한 틱타알릭의 화석은 목이 진화했고, 납작한 머리와 두개골 위로 눈이 존재했음을 보여준다. 목의 진화는 물고기에서 양서류로 진화하는 과정에서 핵심적인 변화다. 해양 척추동물에서 진화한 육상 척추동물은 머리와 어깨 사이에 목을 발달시켜서 여러 방향으로 시선을 이동할 수 있었다. 인간의 목뼈는 7개이며 목의 움직임이 자유로운 조류는 목뼈가 10개 이상이다.

물고기는 물속 화학 분자를 감지하기 위해 후각과 미각이 예민하게 발달했다. 반면 육상 척추동물은 육지 환경에서 먹이와 천적을 탐지하고 운동 방향을 결정하기 위해 시각이 발달했다. 아칸토스테가는 목이 분명하고 골반이 척추와 결합하여 육지에서 사지운동이 가능했다. 아칸토스테가의 발가락은 8개로 물고기 지느러미의 가시뼈 구조의 흔적이 남아 있다.

물고기는 아가미 속 모세혈관으로 흐르는 적혈구를 통해 물속에 녹아 있는 산소 기체로 호흡한다. 물고기가 육상으로 진출하려면 아가미 호흡에서 허파 호흡으로 바뀌어야 한다. 육상 척추동물의 허파는 공기 유입이 식도에서 기도로 분화되고, 기도의 세분화된 가지 끝에 허파꽈리가 발달한다. 허파의 진화는 해양 척추동물의 육상 진출에 결정적인 적응 능력으로 작용했다.

데본기에 육상으로 진출한 초기 양서류들은 배를 땅에 끌고 어기적거리면서 한 발씩 육상으로 조금씩 진출했다. 양서류에서 진화한 파충류에게는 양막이 출현하여 번식을 위해 다시 물로 돌아가지 않고도 대륙 내부로 진출할 수 있게 되었다. 양막은 산소는 통과하고 수분의 증발은 막는다. 파충류와 조류는 양막으로 둘러싸인 알을 몸 밖으로 낳지만, 포유류는 태반을 통해 산소와 영양을 알에 공급해 자라게 한다. 양서류의 알은 수분 증발을 막지 못해 물을 벗어나면 생존할 수 없다. 그래서 양서류는 사지동물이면서도 양막류가 아니다.

양막류에는 파충류, 조류, 포유류가 있다. 양막으로 수분 방지 기능을 갖춘 양막류는 건조한 대륙 내부로 진출하는 데 성공해 육상 척추동물이 된다. 비늘과 털로 수분 증발을 막을 수 있게 된 파충류와 포유류가 건조한 육지 환경에 적응하면서 육상 척추동물이 행성 지구의 주역으로 진화하였다. 양서류, 파충류, 조류, 포유류의 놀라운 진화는 데본기에 최초로 육상으로 진출한 물고기들의 기나긴 환경 적응의 산물이다. 건조한 육상에서 양막류가 적응한 생존의 흔적은 화석을 통해 짐작할 수 있다. 인간이 호흡하고 걷고 생각하는 것은 육상 척추동물이 환경에 적응하는 과정에서 만들어낸 놀라운 산물이다.

턱이 있는 유악어류에서 양서류의 사지동물이 생겨났다. 양서류에서 진화한 파충류는 수분이 유지되는 양막이 있는 알을 통해 번성했다. 양막류에서 거북이 속한 무궁류, 단궁류, 이궁류가 출현했다. 포유동물은 단궁류이며 공룡, 익룡, 어룡은 이궁류다. 단궁류라는 말은 아래턱 근육이 부착하는 측두와의 개수가 하나라는 뜻이다. 출처: George C. Kent, Robert K. Carr, 《척추동물 비교해부학》(개정9판), 한미의학, 2014, 43쪽.

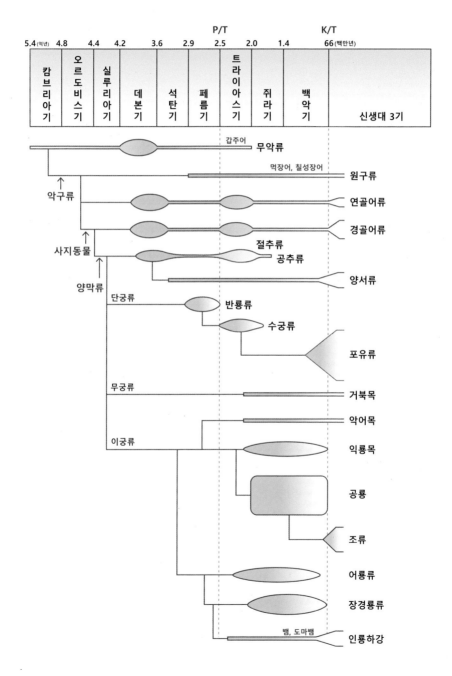

13   중생대 공룡과 포유동물의 진화

중생대에는 점성이 낮은 현무암이 강물처럼 범람한 거대한 현무암 홍수 사건이 여러 번 일어났다. 현무암 홍수가 육지에서 발생하면 트랩trap이라 하고, 해양 바닥에서 발생하면 대지plateau라 한다. 시베리아 트랩은 시베리아에서 현무암이 분출해 생물의 대멸종을 초래한 고생대 페름기 말에서 중생대 초에 일어난 사건이다. 중생대 말에 인도에서 분출한 데칸 트랩Decan trap은 운석 충돌과 함께 중생대 생태 환경을 바꾼 현무암 홍수 사건이다. 온통자바 대지Ontong Java plateau는 1억 2000만 년 전에 태평양에서 현무암이 분출해 300만 년 동안 30킬로미터 정도 두께의 현무암 대지를 만든 사건이다.

중생대는 현무암 홍수 사건으로 방출된 이산화탄소가 대기 중에 축적되어 신생대보다 이산화탄소의 농도가 약 다섯 배 이상 높았다. 대기 중 이산화탄소로 온실효과가 증가하여 중생대는 지구 평균 기온이 높아져 남극 빙하가 모두 녹았으며, 그 결과 해수면이 200미터나 상승했다.

사지동물 양서류의 알은 물을 벗어나면 수분을 잃어 생존할 수가 없다. 양서류에서 진화한 파충류는 석회질 알껍데기 속에 양막을 생성해 수분 증발을 막고 산소를 통과시키는 능력 덕에 건조한 대륙 내부에서도 생존할 수 있게 되었다. 양막류인 파충류, 조류, 포유류는 대륙 내부로 생존 영역을 확장하는 진화적 도약을 했다. 양서류는 육상으로 진출한 최초의 육상 척추동물이지만, 양막류가 아니어서 물을 떠난 환경에서는 오래 생존할 수 없다. 양막류 척추동물은 아래턱을 움직이는 턱 근육이 부착되는 측두골이 함몰된 구조인 측두와temporal fenestrae의 개수에 따라 무궁류, 단궁류, 이궁류로 구분된다.

해양 척추동물인 어류에게 턱의 출현은 먹이 경쟁에서 진화의 강한 추진력으로 작용했다. 갑주어, 판피어류에서는 단단한 각질로 덮인 피부가 출현했다. 육상 척추동물의 진화에서 턱과 턱 근육은 진화의 핵심이다. 양서류인 개구리는 끈적한 혀로 먹이를 포획하지만 파충류는 돌출된 강한 턱으로 먹이를 잡는다. 파충류, 조류, 포유류에서 턱 근육에 부착되는 측두와의 존재는 턱의 중요성을 잘 보여준다.

양막류는 측두와가 1개인 단궁류synapsid, 2개인 이궁류diapsid, 측두와가 사라진 무궁류anapsid로 구분된다. 초기 단궁류 동물로는 크기가 1미터가 넘는 반룡류pelycosaurs가 있다. 반룡류는 페름기를 지배한 육상 파충류다. 반룡류는 등에 있는 가시 사이에 피막이 덮인 부채 모양의 판이 있었고, 페름기 말 대멸종 시기에 멸종했다.

반룡류에서 진화한 수궁류therapsid는 중생대 트라이아스기 말까지 번성했으며 수궁류에서 트라이아스기 말에 포유류의 선조가 진화했다. 약 2억 3000만 년 전에 출현한 초기 포유류는 10센티미터 정도의 크기로 설치류와 비슷한 모습이었다. 화석으로 발견된 중생대 포유류의 선조는 몸 크기가 쥐만 했으며 거의 1억 년 이상 몸 크기는 거의 변하지 않은 채 세부 기능만 변화했다. 초기 포유류는 백악기 초에 환경 적응 능력이 발달하면서 다양한 종으로 분화했다.

이궁류에서 공룡이 출현하면서 공룡은 중생대 쥐라기와 백악기까지 약 1억 5000만 년 동안 육상에서 우세한 동물이 되었다. 중생대 이궁류에 속하는 동물은 대륙으로 진출한 공룡, 바다에 적응한 어룡, 하늘을 날아다니는 익룡으로 번성했다. 트라이아스기 말에 포유류 선조와 함께 출현한 초기 공룡은 1-2미터 크기의 이족 보행 공룡인 랩토르raptor다.

페름기 말기의 시베리아 현무암 홍수는 해양과 대륙에서의 대규모 멸종과 관계가 있다. 2억 5000만 년 전 페름기 말의 대멸종으로 해양 생물 종의 90퍼센트가 멸종하고 육상 동물도 70퍼센트 정도 멸종했다고 추정된다. 시베리아 현무암 홍수와 대멸종은 시기가 겹친다. 시베리아 현무암 홍수는 알래스카 면적만 한 지역에 점성이 낮은 현무암 마그마가 홍수처럼 범람하여 대지를 덮은 사건이다. 이때 이산화탄소가 대규모로 방출되어 지구 기온이 상승했다. 시베리아 현무암 홍수로 촉발된 높은 기온 탓에 북극 툰드라 지역에 매장되어 있던 메탄가스가 대기로 방출됐다. 대기 속으로 방출된 메탄가스는 산소와 만나 불타면서 대기 중의 산소 농도가 낮아졌다. 시베리아 현무암 홍수로 대기 중의 산소 농도가 낮아져 트라이아스기 말에서 쥐라기 초까지 대기의 산소 농도는 대략 15퍼센트 정도까지 낮아졌다고 추정된다. 페름기 말기에서 쥐라기 초기까지 거의 1억 년간 저산소 상태였다는 주장도 있다. 현재 대기 중의 산소 농도는 21퍼센트다.

공룡과 포유동물의 선조가 출현한 트라이아스기 말기에는 대기 중 산소 농도는 낮아졌지만 판게아 초대륙이 유지되고 있어 건조한 대륙성 기후였다. 이러한 환경에서 출현한 공룡과 포유류 선조에게는 저산소 상태에 적응하는 것이 중요한 생존 조건이었다. 저산소 상태에 적응하면서 공룡은 식도를 변형해 공기주머니인 기낭을 만들고, 포유동물은 허리 부근에 갈비뼈가 사라지고 횡격막이 생기는 몸 구조의 변화가 일어났다고 추정된다. 공룡의 기낭은 화석으로 남기기에는 어렵지만 공룡에서 진화한 조류는 기낭 덕에 산소 호흡 능력이 발달했다.

페름기 말기에 시베리아 현무암이 범람하며 낮아진 산소 농도는 쥐라기에 이르러 회복되기 시작한다. 중생대 백악기는 슈퍼플룸의 영향으로 해양에서 대규모로 현무암이 범람해 대기 중의 이산화탄소가 신생대 때의 다섯 배 이상으로 높아졌다. 이산화탄소 농도가 높아지면 식물의 성장이 활발해지지만 식물의 잎은 영양분이 결핍될 수 있다. 식물 잎의 영양분이 부족해지면서 공룡은 더 많은 잎을 먹어야 했고, 그 결과 위도 커지고 몸집도 거대해졌다. 공룡이 거대해지는 과정은 높은 이산화탄소 농도에 의한 식물 잎의 저영양화 현상과 쥐라기부터 회복되기 시작한 산소 농도 증가가 원인으로 추정된다.

공룡은 골반 구조에 따라 조반목과 용반목으로 분류되는데, 용반목에서 용각류와 수각류가 진화했고, 수각류에서 깃털 달린 공룡이 진화했다. 신생대에 번성한 조류는 수각류 공룡에서 진화한 종이다. 공룡이 거대화됨에 따라 뒷다리로 직립보행하던 초기의 작은 렙토르에서 20미터 키에 10톤의 몸무게를 자랑하는 백악기 거대한 용각류 공룡의 출현으로 이어졌다. 공룡의 진화는 몸의 거대화라고 할 수 있다. 저산소 상태에 적응하기 위해 포유류는 뇌의 진화를 선택했다.

쥐라기와 백악기 동안 포유류 선조의 크기는 10센티미터 정도로 작았지만, 그 덕분에 밤이라는 새로운 생태 환경에 진출하는 데 성공했다. 중생대에 낮이라는 환경은 공룡이 지배하는 세계였고, 작은 포유류가 활동하기에는 위험한 환경이었다. 포유류는 밤이라는 새로운 생태 환경을 발견했다. 포유류는 낮 동안은 땅굴 속에 숨어 있다가 밤이 되면 먹이를 찾아서 어둠 속으로 나아갔다. 중생대 밤에 존재했던 곤충이 내는 소리에 포유류의 청각이 예민해졌다.

14   밤의 세계로 진출한 포유동물

포유류는 진화 과정에서 아래턱을 이루는 뼈 2개가 이동해 속귀 뼈인 망치뼈와 모루뼈로 진화했다. 그 덕에 청각이 예민해져 소리 내는 곤충을 쉽게 찾게 되었다. 어금니 역시 원뿔 모양의 돌출부가 3개인 삼융기 치tribosphenic molar로 진화하여 먹이를 분쇄하기에 적합하게 변화되었다. 중생대에 밤으로 진출한 작은 포유동물은 어둠 속을 이동하면서 몸의 균형 감각을 발달시켰고, 천적에 대비하면서 주의력도 강해졌다. 청각의 예민화, 어금니의 진화, 균형감각, 주의력이 신경계의 발달을 강하게 추진한 덕에 포유동물의 뇌는 두 배로 증가했다. 저산소 상태에 적응하는 과정에서 공룡은 몸집을 키우는 방향을 선택했지만, 포유동물은 뇌의 진화를 선택해 청각, 균형감각, 주의력이 발달했다.

중생대 백악기에 꽃식물이 출현하면서 공룡과 포유동물의 진화는 다른 결과를 만들었다. 포유동물은 공룡이 지배하는 낮의 생존 환경을 피해 밤의 세계로 진출하면서 뇌의 진화를 가속화했다. 이러한 뇌의 가속된 진화 덕에 신생대에 이르러 포유동물은 환경 적응 능력이 극대화되어 다양한 지역에서 살아갈 수 있게 되었다. 고래처럼 바다에 적응한 포유동물도 출현하면서 신생대 후반에는 4500여 종의 포유류가 번성하게 되었다.

중생대는 겉씨식물의 시대다. 최초로 종자를 만든 식물은 고생대 석탄기에 번성한 종자 고사리이며, 멸종해 화석으로 발견되었다. 중생대에 번성한 종자식물은 겉씨식물인 침엽수들로, 주로 소철, 은행, 구과식물이 번성했다. 구과식물은 소나무와 잣나무처럼 솔방울이 맺히는 식물로, 중생대 시베리아 한랭의 홍수기 촉발한 저산소 상태가 쥐라기까지 계속되면서 공룡과 포유동물의 환경 적응 방식이 달라졌다. 공룡은 거대화되었고 포유동물은 밤의 환경에 적응하면서 내온성, 삼공기각, 예민한 청각으로 진화했다. 출처: NHK 공룡프로젝트팀, 《공룡, 인간을 디자인하다》, 북멘토, 2007.

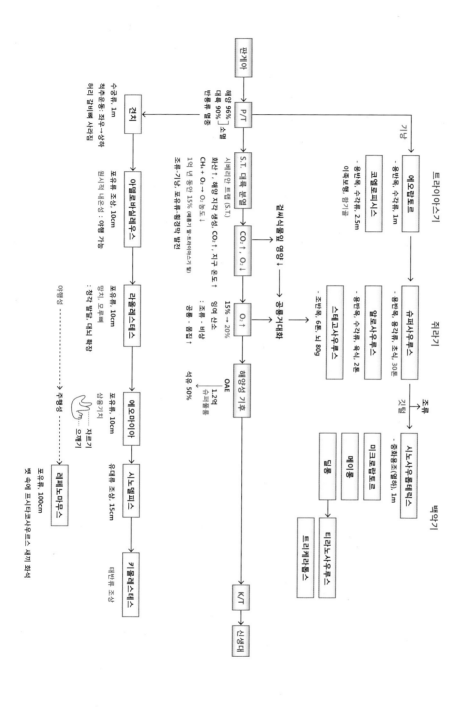

에 번성했다. 소나무와 유사한 종으로 중생대의 카우리나무가 뉴질랜드에 화석 식물로 남아 있다.

식물은 크게 이끼식물, 양치식물, 종자식물로 구분된다. 이끼식물과 양치식물은 주로 포자로 번식하며 수정하는 데 물이 필요해 물가나 습기가 많은 곳에서만 자란다. 중생대에는 포자에서 종자로 도약적인 진화가 이루어져 종자식물이 번성했다. 종자식물에는 겉씨식물과 속씨식물이 있는데, 속씨식물은 약 1억 3000만 년 전 백악기 전기에 출현했다. 속씨식물은 종자인 씨가 씨방 속에 있으며, 피자식물, 꽃식물, 현화식물이라 한다.

거대한 공룡은 위장에서 침엽수 잎을 대량으로 분쇄하여 소화한다. 공룡과 침엽수의 공생 관계는 일방적인 착취에 가까운 편리공생이지만, 꽃식물과 곤충의 공생은 상호공생이다. 백악기에 꽃식물이 다양해지면서 꽃가루를 전달하는 곤충의 종류도 급격히 증가했다. 6600만 년 전 신생대가 시작되면서 포유동물은 공룡이 사라진 생태 공간에서 다양한 종으로 진화했다. 신생대는 포유류가 다양해진 시대다. 영장류는 곤충과 꽃식물의 열매를 주로 먹었다. 페름기의 포유류형 파충류에서는 원시적 내온성 진화가 시작되었다. 내온성, 청각, 균형감각이 초기 포유류에서 진화하면서 야행성 활동 능력이 발달하여 밤의 환경에 적응했다.

백악기 중기 랴오닝에서 발견된 에오마이아eomaia는 허리의 상하 운동이 가능하고, 어금니가 삼융기치로 포유동물의 특징을 갖고 있다. 경구개hard plate가 진화한 에오마이아는 콧구멍과 입이 분리되어 음식을 삼키는 동시에 숨을 쉴 수 있고, 턱뼈와 귀뼈가 분리되어 뇌가 커질 수 있는 두개골 구조로 진화했다. 시노델피스Sinodelphys szalayi는 유대류 선조로 추정되는데, 백악기 후반에 나무 위에서 생활했던 키몰레스테스cimolestes에서 태반포유류의 특징이 보인다. 백악기 후반에 일부 포유류는 몸집이 1미터 가까이 커지면서 밤의 곤충 사냥만으로는 큰 몸집을 유지할 수 없어 낮으로 진출했다.

백악기에 이르면 중국 열하지방과 몽골 고비사막에서 깃털 달린 공룡이 출현했다. 몽골 고비사막 남쪽의 네메게트 지층에서 타조 크기의 깃털 달린 공룡인 자나바자르Zanabazar 화석이 발견되었다. 기낭과 깃털을 가진 공룡에서 조류가 출현했다. 신생대에 바다에는 경골어류, 육지에는 포유류, 하늘에는 조류가 번성했다.

15 포유류의 시대

　　포유류와 공룡은 중생대 트라이아스기에 출현했다. 공룡은 중생대에 몸집이 거대해지며 육상 생태계를 장악했고, 포유류의 선조는 밤으로 진출하여 청각과 균형감각을 발달시켰다. 포유류 선조는 어두운 환경에 적응하면서 항온성을 얻고, 새끼를 낳는 방식에서 변화가 일어났다. 포유동물의 진화 과정은 단공류monotremata, 유대류marsupialia, 태반류placentalia로 구분할 수 있다. 단공류는 배변, 배뇨, 생식을 하는 구멍이 하나라는 뜻이다. 초기 포유동물인 단공류는 바늘두더지와 오리너구리 두 종이며, 현재는 호주에서만 생존한다.

　초기 포유류인 단공류는 알을 낳지만 어린 새끼는 어미의 가슴샘에서 젖을 핥아 먹는다. 유대류는 미숙한 새끼를 출산한 후 주머니 속에서 양육한다. 태반류는 어미 몸속에서 새끼가 태반을 통해 노폐물을 배출하고 산소와 영양분을 얻는다. 파충류의 도마뱀과 악어는 사지의 움직임과 가슴이 완전히 분리되지 않아 오래 달리면 앞다리 운동이 흉곽을 압박해 호흡이 힘들어진다. 그래서 도마뱀은 조금 달리다 덤불에 숨어서 숨을 가쁘게 쉰다. 파충류는 물고기가 헤엄치듯이 척추를 좌우로 움직여서 이동하지만 포유동물은 척추를 상하로 움직이면서 걷는다.

　포유동물의 새끼는 일정 기간 젖을 먹기 때문에 어미로부터 단백질과 면역 물질을 획득한다. 그래서 어미와 새끼 사이의 정서적 유대가 파충류보다 강하다. 약 450만 년 전 파나마지협이 연결된 뒤 남미의 유대류가 북미로 진출하고 북미의 태반포유류가 남미로 확산하면서 서로 경쟁해 남미

포유동물은 단공류, 유대류, 태반류로 구분된다. 태반류에는 아프로테리아상목과 로라시아상목, 영장류상목
이 있다.

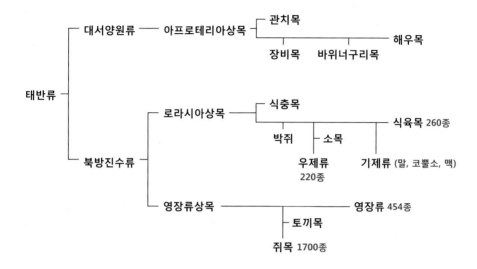

의 유대류가 거의 멸종했다. 호주는 태반포유동물이 확산되지 않아서 유대류가 계속 살아남았다. 호주를 제외한 거의 모두 대륙에서 태반포유류가 방산 확산되는 신생대는 태반포유류의 시대다. 태반포유류는 아프로테리아상목과 북방진수류로 구분되는데, 아프로테리아에는 아프리카에서 진화한 관치목, 장비목, 바위너구리목, 해우목이 있다. 관치목은 이빨이 관 모양이고, 장비목은 코끼리처럼 코가 긴 동물이며, 해우목은 바다소 종류다.

북방진수류는 유라시아에서 번성한 태반포유류이며 로라시아상목과 영장류상목으로 분류한다. 로라시아상목에는 식충목, 박쥐, 우제류, 기제류, 식육목이 있다. 인간이 사육하는 가축은 대부분 발굽이 짝수 동물인 우제류로 220종이 있다. 발굽이 홀수인 기제류에는 말, 코뿔소, 맥이 있다. 영장

포유동물은 중생대 트라이아스기 말기에 출현하여 공룡이 사라진 생태계에 방산 확산하여 4500여 종으로 번성한다. 포유동물에서 설치목은 1700여 종으로 가장 많다. 출처: Monroe W. Strickberger, 《진화학》, 월드사이언스, 2014, 450쪽.

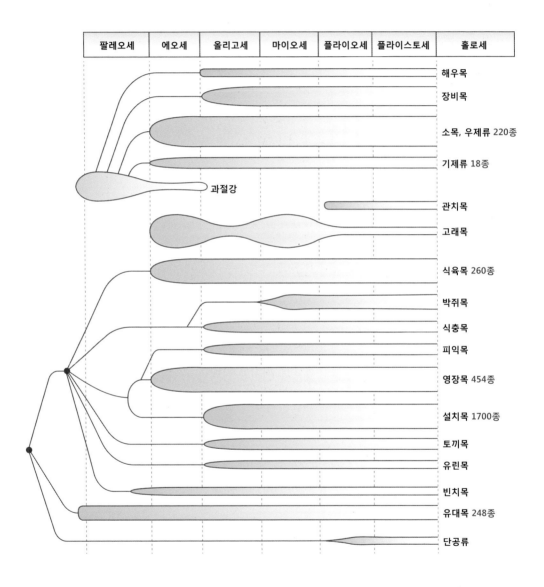

류상목에는 토끼목, 설치류, 영장류가 있다. 쥐목 혹은 설치류는 1700여 종으로 태반포유동물에서 가장 번성한 종이다. 영장류는 450여 종으로 열대 밀림에 적응하면서 시각이 발달했다. 태반포유동물은 털이 발달하는 등 체온을 일정하게 유지하는 항온성이 뛰어나 신생대 말기 빙하시대에도 적응하여 전 지구적으로 확산되었다.

16   열대 밀림에 적응한 영장류

포유류는 중생대부터 밤의 어둠에 적응했다. 밤의 환경에서는 시각보다 후각과 청각이 중요하다. 포유동물에서 영장류는 시각이 발달해 입체 시각을 보유하고 있으며, 망막에 삼원색 색소가 존재한다. 인간의 시각은 영장류에서부터 진화해왔다. 영장류와 인간은 시각 중심의 동물이다. 어둠 속에서 인간의 시각은 형태보다 명암 차이에 민감하며, 어둠을 배경으로 움직이는 밝은 점 같은 시각 자극을 재빨리 감지한다.

인간의 망막에서 형태와 빛의 주파수에 반응하는 원추세포는 600만 개 정도지만 어두운 환경에서 명암에만 반응하는 간상세포는 1억 개 정도로 훨씬 많아 움직이는 밝은 빛을 즉시 감지한다. 영장류의 특징은 곤충을 잡고 열매를 따기에 적합하도록 팔과 손의 움직임이 자유롭다는 것이다. 영장류는 시각이 발달하고 손과 눈의 협동 작업이 뛰어나 나뭇가지를 잡고 열대 밀림에서 이동하는 데 능숙하다. 다른 포유류와 달리 영장류는 주둥이가 줄어들면서 후각이 퇴화하고 신체 크기에 비해 뇌가 크게 발달했다.

영장류는 원원류와 진원류로 구분한다. 초기 영장류인 원원류는 로리스원숭이, 안경원숭이, 여우원숭이가 있다. 원원류는 콧속 구조가 굽어져 수분을 유지하기 좋고 후각이 발달하고 입술이 갈라져 있다. 진원류는 광비류와 협비류로 구분하는데, 코가 넓은 광비류에는 신세계원숭이가 있다. 남아메리카에서 서식하는 신세계원숭이는 꼬리 감기를 잘하며 이원색 시각이다. 협비류에는 긴꼬리원숭이, 긴팔원숭이, 오랑우탄, 고릴라, 침팬지가 있다. 오랑우탄, 고릴라, 침팬지를 대형 유인원이라 하는데, 약 900만 년 영장류는 초기 원숭이 종류인 원원류와 진원류로 구분되며 진원류의 협비류에서 인류가 출현했다.

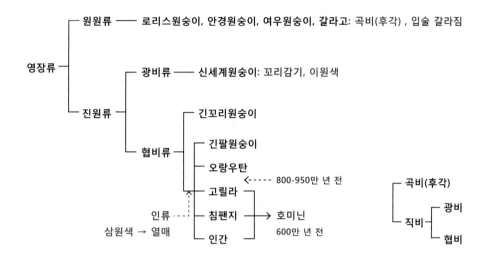

전 오랑우탄에서 고릴라가 분리되어 진화했고, 약 600만 년 전 침팬지에서 인간이 진화했다. 인간과 침팬지는 DNA의 염기서열이 1.5퍼센트 정도만 다르다. 고릴라, 침팬지, 인류의 선조를 호미닌이라 한다. 약 3000만 년 전부터 영장류들은 열대 밀림에 적응하면서 입체 시각과 삼원색 시각이 진화했다. 원숭이들이 나무줄기를 이용한 그네 타기 스윙 이동을 할 때 나무 사이의 거리 감각이 중요해짐에 따라 입체 시각이 발달했다.

맹수는 두 눈이 가까이 위치하여 먹잇감을 정확히 포착하며, 초식동물은 두 눈이 머리 양옆에 있어 넓은 시야를 확보해 멀리 있는 맹수들을 찾아낸다. 3400만 년 전 올리고세가 시작되면서 지구의 기온이 내려가 열대림이 줄어들자 밀림 속 영장류의 생존 경쟁이 심해졌다. 열대 밀림에서 주로 곤충과 열매를 먹던 영장류에게 붉게 익은 열매를 탐지하는 능력이 중요해져 기존의 이원색 색 감각에서 붉은색이 추가되어 삼원색 감각이 출현했다. 삼원색의 조합 덕에 영장류는 많은 색을 구별하게 되었고, 입체 시각으로 거리 감각이 발달하여 시각 중심의 진화가 가속되었다. 침팬지에서 분화한 인간 선조도 시각이 발달했다.

영장류가 여타 포유류와 다른 점은 비타민C를 합성하지 못한다는 것이다. 이는 주로 먹는 열매 속에 비타민C가 풍부해 체내에서 비타민C를 합성할 필요가 없기 때문이다. 2000만 년 전부터 전 지구적으로 초원이 확대되어 대형 초식동물이 번성하고 초식동물을 사냥하는 맹수들이 출현했다. 인도판이 아시아판과 충돌하는 과정에서 인도차이나반도의 위치가 변화하여 수온이 높은 서태평양 바닷물의 인도양 유입이 줄어들면서 약 400만 년 전부터 동아프리카 지역이 열대 기후에서 사바나 기후로 바뀌었다. 열대림이 줄어들어 확 트인 사바나 지역으로 진출한 초기 인류의 조상에게 시각과 보행 능력이 중요해졌다. 영장류에서 현생 인류로의 진화 과정은 신생대 기후 변화와 깊은 관련이 있다.

17   기후와 인류의 진화

인류의 진화 과정은 아프리카의 기후 변화와 관련이 깊다. 인도판이 아시아판과 충돌하면서 아시아판에 기계적 스트레스가 쌓여 약 2500만 년 전에 일본 열도가 분리되고, 그 사이에 동해가 출현했다. 동해는 신생대 올리고세 후기에 생겨나 마이오세 초기까지 계속 확장되었다. 인도판이 아시아판 아래로 계속 밀고 들어가면서 1300만 년 전에서 900만 년 전 사이에 티베트고원이 융기하고, 1000만 년 전부터 아시아 몬순 기후가 강해졌다. 인도판은 현재 아시아판 밑으로 2600킬로미터를 밀고 들어간 상태인데, 계속된 두 대륙판의 충돌로 인도차이나반도의 위치가 바뀌어 서태평양의 해류 흐름에 점차 영향을 주었다. 서태평양 표층수는 수온이 23도로 지구에서 가장 뜨거운 바닷물이며, 서태평양 난수역western pacific warm pool(WPWP)이라 한다.

인도차이나반도의 위치가 바뀌면서 인도양으로 유입되는 온난한 서태평양 해류의 양이 줄어들어 450만 년 전부터 동아프리카의 온도가 낮아졌다. 이에 따라 이 지역의 기후가 열대 기후에서 사바나 기후로 바뀌었다. 약 2000만 년 전 마이오세에 전 지구적으로 대규모 초지가 확장되면서 대형 초식동물들이 번성하고, 약 1500만 년 전부터 대형 유인원이 출현하기 시작했다. 침팬지에서 인간의 선조가 약 600만 년 전에 분리되어 진화하는 도중에 동아프리카 지역이 약 400만 년 전부터 사바나 기후로 바뀌었다. 사바나 기후는 초지에 관목이 조금 있는 환경인데, 그처럼 노출된 장소에서는 맹수가 대형 초식동물을 사냥한다.

초기 인류는 맹수가 먹고 남긴 고기를 먹었다. 초기 인류는 약 120만 년 전부터 불을 사용하여 고기와 거친 음식을 익혀 먹어 음식 소화에 소모되는 에너지를 줄였다. 또 도구를 이용해 사냥 효율을 높였다. 육식으로 단백질 섭취가 늘어나고, 음식을 나누어 먹는 과정에서 사회적 지능이 발달하기 시작하여 초기 인류의 대뇌 신피질은 약 200만 년 전에 두 배로 확장되었다. 도구를 사용하여 사냥하기 시작하면서 발달한 중요한 특징은 장거리 보행 능력과 체온 조절을 위한 땀의 분비다. 인간이 걷는 데 소모하는 에너지는 침팬지의 25퍼센트 정도이고, 보행 거리는 거의 두 배나 된다. 대부분의 동물은 인간보다 빠르지만 인간만큼 멀리 걸을 수 없다.

체온을 조절하기 위한 땀 분비가 발달하면서 인간은 서서히 몸에서 털이 사라졌다. 불을 사용하면서 인간 선조들은 요리를 통해 거친 음식을 익혀 먹게 되었다. 이 과정에서 더 중요한 현상은 함께 모여서 음식을 나누어 먹게 되었다는 것이다. 동물들은 먹이를 발견한 장소에서 즉시 먹어버리지만, 인간의 선조들은 사냥한 먹이를 들고 와서 부족과 함께 먹었다. 이와 같은 '식사'라는 행위를 통해 인간의 사회화가 크게 발달했다.

인류의 선조가 출현한 아프리카는 마이오세에 초지가 형성되고 플라이오세에 사바나 기후로 바뀌면서 현생 인류로 향하는 진화의 터전이 되었다. 신생대 기후 변화가 정확히 밝혀질수록 환경과 인간 진화의 상호 관계가 분명해질 것이다. 신생대는 제3기와 제4기로 구분된다. 신생대 제3기는 팔레오세, 에오세, 올리고세, 마이오세, 플라이오세다. 제4기는 플라이스토세, 홀로세다. 신생대 제3기 중 팔레오세, 에오세, 올리고세를 고3기라 하고 마이오세, 플라이오세를 신3기라고 한다.

신생대 고3기의 기후는 중생대 백악기 기후의 연장으로 온난했고, 신3기에는 기온이 낮아져 신생대 후반 빙하시대의 특징이 분명해졌다. 250만 년 전부터 시작된 신생대 제4기는 전 지구 대륙의 30퍼센트가 빙하로 덮인 대빙하 시대다. 잠시 간빙기가 출현하기도 했지만, 제4기는 밀란코비치의 10만 년 주기에 따라 빙하기가 출현한 시대다. 일사량 변화가 주도하는 밀란코비치 빙하 주기와 별도로 인간에 의한 지구 온난화가 최근 30년 전부터 가속되어 이러한 복합적인 현상을 이해하기가 쉽지 않다.

지난 600만 년 동안의 지구 기후 변화는 현생 인류로 이어지는 진화 과정을 이해하는 데 핵심이다. 그리고 현재 인류의 미래를 결정하는 가장 큰 환경 변화가 바로 지구 온난화이다.

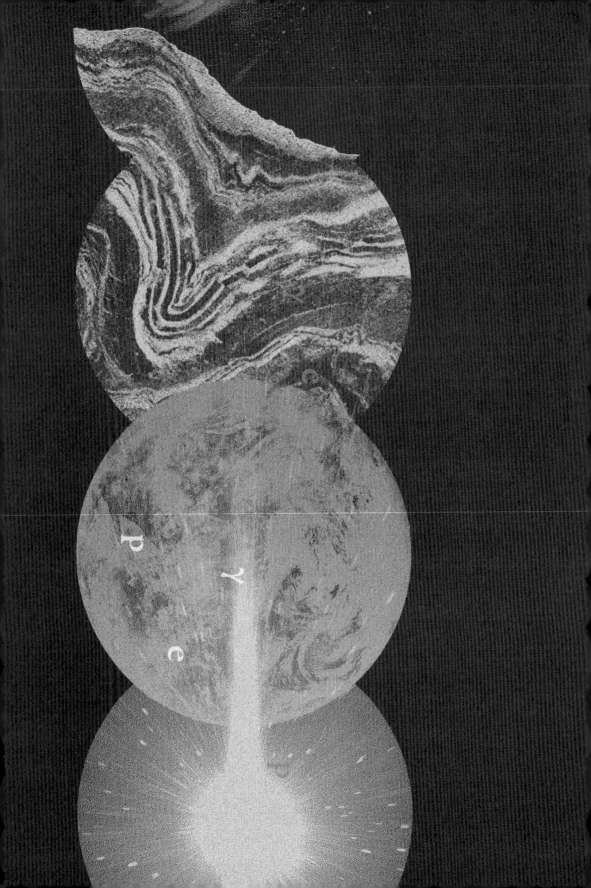

제 4 장

인간과 의식의 진화

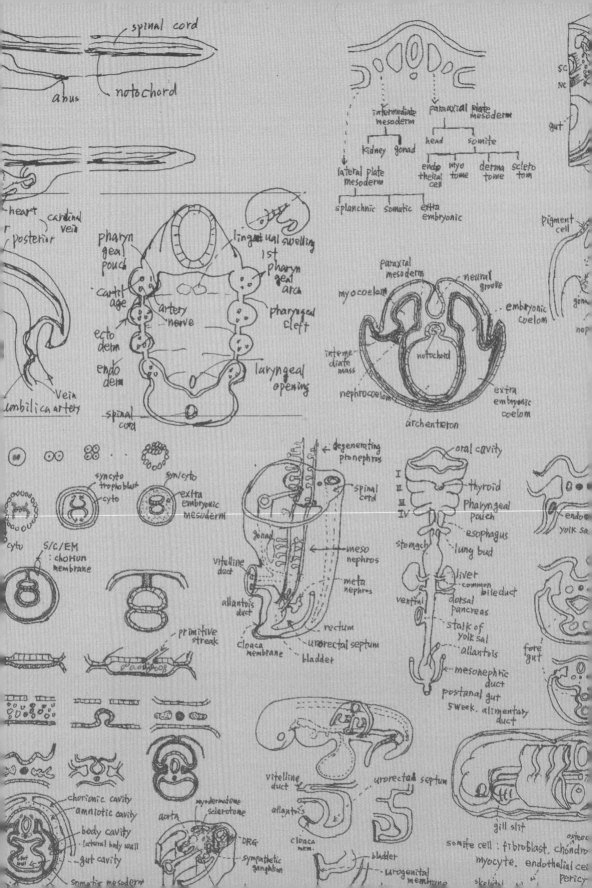

1   초기 인류 진화와 사회적 지능

인간의 선조는 아프리카에서 진화했다. 인류가 다양한 지역에서 기원했다는 이론이 있지만, DNA 염기서열 분석은 아프리카 단일 기원설을 지지한다. 현생 인류인 호모 사피엔스 이전의 초기 인간 선조의 뼈는 대부분 아프리카에서 발견되었으며, 10여 종이 넘는다. 침팬지에서 분리되어 진화한 인간 선조에서 중요한 종으로는 약 350만 년 전의 오스트랄로피테쿠스 아파렌시스Australopithecus Afarensis, 250만 년 전에 출현한 호모 하빌리스Homo Habilis가 있다. 아파렌시스는 골반 구조와 대퇴골의 결합각을 분석한 결과 직립 보행을 했음이 밝혀졌다.

파란트로푸스Paranthropus 계열의 보이세이boisei와 로부스투스robustus는 주로 열매와 땅속 덩이줄기를 먹는 초식 생활을 했기 때문에 아래턱 근육이 발달했다. 주로 거친 풀뿌리와 덩이줄기를 주식으로 하는 초식 생활은 단백질 섭취 부족을 초래했고, 그 외 다양한 원인으로 인해 초식 인류 선조는 멸종했다. 호모 하빌리스는 돌도끼 같은 초기 도구를 사용했으며, 두개골 용량은 700cc였다.

호모 에렉투스Homo erectus는 약 150만 년 전부터 아프리카에서 유라시아 대륙으로 진출하였다. 한반도에서도 70만 년 전의 두개골이 발굴되었다. 구석기 시대에 아시아 대륙으로 확산한 호모 에렉투스는 불과 도구를 사용하여 신생대 플라이스토세의 한랭한 기후에 적응했다. 약 70만 년 전 구석기 시대에 아시아 대륙으로 진출한 호모 에렉투스는 현생 인류의 직접 조상은 아니다. 호모 에렉투스에서 진화한 호모 에르가스테르Homo ergasther

침팬지에서 인류의 선조가 진화하는 과정에서 뇌 크기 또한 확장되었다. 호모 에렉투스에서 뇌용량이 1000cc로 확대되었다.

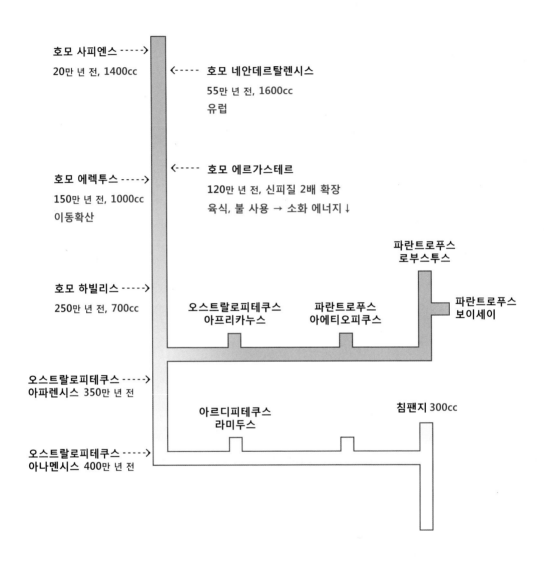

호모 사피엔스 ----->
20만 년 전, 1400cc

<----- 호모 네안데르탈렌시스
55만 년 전, 1600cc
유럽

<----- 호모 에르가스테르
120만 년 전, 신피질 2배 확장
육식, 불 사용 → 소화 에너지 ↓

호모 에렉투스 ----->
150만 년 전, 1000cc
이동확산

파란트로푸스
로부스투스

호모 하빌리스 ----->
250만 년 전, 700cc

오스트랄로피테쿠스
아프리카누스

파란트로푸스
아에티오피쿠스

파란트로푸스
보이세이

오스트랄로피테쿠스 ----->
아파렌시스 350만 년 전

아르디피테쿠스
라미두스

침팬지 300cc

오스트랄로피테쿠스 ----->
아나멘시스 400만 년 전

는 약 120만 년 전에 불을 사용해 음식물을 익혀 먹으면서 소화에 소모되는 에너지를 줄였다. 단백질 섭취는 대뇌 신피질을 두 배로 증가시켰다.

호모 에렉투스에서 진화한 호모 네안데르탈렌시스Homo neanderthalensis는 약 55만 년 전 북아프리카에서 유럽과 아시아로 이주했다. 호모 사피엔스Homo sapiens는 약 20만 년 전에 아프리카에서 출현하여 6만 년 전 북쪽으로 이주했고, 4만 5000년 전 유럽으로 진출하고 약 4만 년 전 동아시아로 이주하여 시베리아까지 도달했다. 4만 년 전은 빙하 시기로, 호모 사피엔스는 해수면이 낮아진 뉴기니와 호주 사이의 토레스해협을 건너 약 4만 년 전에 호주 대륙으로 이주했다.

호모 네안데르탈렌시스는 간단히 네안데르탈인이라 하는데, 호모 사피엔스와 약 3만 년 전까지 유럽과 아시아의 서로 근접한 지역에서 함께 생존했다. 네안데르탈인의 유골에서 획득한 DNA를 분석한 결과, 현재 인류 DNA의 2퍼센트 정도가 네안데르탈인에서 기원한다고 밝혀졌다. 네안데르탈인과 호모 사피엔스의 두개골 용량은 1400cc로 거의 비슷하다. 네안데르탈인의 유물에는 활과 화살은 없고 던지는 나무 창이 발굴되었다.

네안데르탈인의 멸종에는 다양한 이론이 존재하는데, 그중에서도 고고학자 스티븐 미슨Steven J. Mithen의 인지유동성 이론이 주목을 받고 있다. 인지유동성 이론은 호모 사피엔스와 네안데르탈인의 지능이 초기에는 자연 지능, 언어 지능, 기술 지능, 사회 지능에서 서로 비슷한 수준이었지만, 상호 소통하는 인지 능력의 유동성에서 차이가 생겼다는 것이다. 호모 사피엔스는 이러한 분리된 인지 능력 덕분에 소통이 가능해졌지만, 네안데르탈인은 인지의 유동성이 발달하지 않아 각각의 지능이 독립적으로 작동했다. 호모 사피엔스의 무덤에서는 목걸이가 발견되었다. 목걸이는 돌과 조개껍데기를 가공하여 연결하는 기술 지능과 사회적 신분을 표시하는 사회적 지능이 결합하여 만들어진다. 인지의 유동성에 의해 지능들이 서로 소통하면서 사회적 상징이 출현했다.

상징을 사용할 수 있게 된 호모 사피엔스는 순록 뼈에 금을 그어서 날짜를 표시하고 계획적인 사냥을 했다. 3만 년 전 빙하기에 한랭한 유라시아 대륙에서 에너지를 절약하고 효과적인 사냥을 하려면 손짓과 언어를 통한 계획적인 사냥이 중요했다. 네안데르탈인도 언어를 사용했지만 호모 사피엔스의 언어 전달 정확도가 더 발달했을 것이라고 추정한다.

호모 사피엔스 초기 집단의 크기는 대략 150명 정도인데, 이를 던바의 수Dunbar's Number라 한다. 네안데르탈인의 사회 규모는 30~140명 정도로 추정된다. 초기 집단 규모의 차이는 사회적 상호 관계의 강도와 관련된다. 집단의 크기가 좀더 큰 호모 사피엔스에게 언어 전달의 정확성은 더 중요했다. 진화인류학자인 리처드 랭엄Richard Wrangham이 주장하는 '자기 길들이기 self-domestication(동물적 본능을 억제하고 사회에 맞추어가는 과정)' 학설이 주목을 받고 있다. 그 이론에 따르면, 인간은 난폭한 남성과 독재자를 지속적으로 사회에서 제거하면서 사회적 안정성을 높였다.

인간은 6만 년 전부터 활을 이용한 사냥으로 사냥감을 오랫동안 추적하는 장거리 보행이 발달해왔다. 채집한 덩이뿌리와 사냥물을 요리하면서 정해진 시간에 함께 음식을 먹는 '식사'라는 사회적 행동도 출현했다. 식사라는 사회적 행동과 스스로 자기 길들이기를 한 종이 되면서 부족 내에 폭력이 줄어들어 사회적 결속이 강해졌다. 문화의 힘이 인간 진화의 강한 추진력이 되었다. 동물은 자연에 구속된 자연적 진화를 하지만 언어와 상징을 사용하는 인간은 자연에서 벗어난 문화적 진화를 한다.

2   언어와 호모 사피엔스의 사회화

인간의 언어는 뇌가 만든 새로운 우주다. 물리적 우주 속에 출현한 개념과 상징의 세계가 바로 언어다. 우주가 시공 속의 존재라면, 언어는 관계 속의 존재다. 호모 사피엔스에서 출현한 언어는 물질세계에서는 추론하기 어려운 상징에 의한 도약이다. 상징은 물리적 자연에 존재하지 않는 자연 속의 또 다른 자연이다. 뇌과학자 제럴드 에델먼 Gerald M. Edelman 이 주장하듯이 언어는 제2의 자연 second nature 이다. 언어는 인간과 인간의 관계 속에서만 존재한다. 맥락의 관계를 벗어나면 언어는 무의미해진다.

인간의 개념화 능력은 언어가 출현하기 이전에 존재했다. 개념은 범주화로 생성된다. 범주화는 사건과 사물을 같은 속성끼리 분류하는 뇌의 작용이다. 같은 속성의 사물들을 하나의 범주로 나타내면, 그 범주를 정하는 속성이 바로 개념이다. 개념은 세계를 바라보는 창문이며, 개념이 없으면 지각이 일어나지 않는다. 지각은 개념을 넘어설 수 없다. 사물과 사건에 대한 관계적 속성인 개념은 언어 이전에 출현했고, 언어가 등장하면서 개념을 언어로 표상하기 시작했다.

개념, 지각, 의미는 대뇌피질이 기억을 바탕으로 생성하는 뇌의 인지 작용이다. 의미에는 비언어적 의미와 언어적 의미가 있는데, 시각적 개념이 비언어적 의미다. 초기 인류가 사용하는 단어의 숫자가 증가하면서 문법 구조와 문장이 출현했다. 단어와 문장을 상징하는 이미지들로 연결되는 연상 작용이 바로 생각이다. 언어에 의한 개념을 공유하는 인간 집단이 확대되면서 인간의 사회화는 가속되었다.

고고학과 인간 DNA 분석에 의하면, 약 200만 년 전 구석기 시대에 세계 인구는 약 1만 명이었지만, 농업혁명이 일어난 약 1만 년 전에는 500만 명 정도로 늘어났다. 그때 메소포타미아 문명에서 최초의 도시국가가 출현했고, 나일강, 갠지스강, 황하 주변에서 인구 수천에서 수만 명에 해당하는 부족 사회가 형성되었다. 우은진, 정충원, 조혜란이 함께 쓴《우리는 모두 2% 네안데르탈인이다》라는 책에 의하면 수백만 년 동안 1만 명 정도였던 우리 선조의 인구는 농업혁명 이후 500만 명으로 늘어났다. 현재 멸종 위기에 있는 시베리아 호랑이 같은 대형 포유동물의 개체 수가 1000마리 이하라는 사실을 생각해보면 의미가 있다. 아프리카에 거주했던 초기 인류 1만 명 중 대략 10퍼센트 정도가 아프리카를 떠나 유라시아로 이주했고, 현재 유라시아 인구는 약 60억 명으로 폭발적으로 증가했다.

소와 말처럼 가축화된 대형 포유동물은 개체수가 늘었지만, 자연 상태에서는 어느 한 종이 무한히 증식할 수 없다. 그런 관점에서 현재 70억이 넘는 인간은 예외적인 존재라 할 수 있다. 인구 수천 명 정도의 원시 부족 사회마다 언어가 출현했다. 초기 인류는 약 150명 정도가 집단생활을 했고, 공동 사냥과 사냥 후 고기의 배분 과정에서 감정 교류를 하며 사회화가 정교해졌다.

동물을 사냥하는 행위에는 장시간의 추적이 필요하지만 성공 확률은 높지 않다. 화살을 명중시키기가 어렵고 급소를 맞지 않는 한 동물은 다시 달아난다. 확률이 낮은 사냥을 계속하기 위해서는 뇌 속에서 도파민이 반복해서 분출되어 장시간 사냥감을 추적할 수 있어야 한다. 장거리 보행 능력과 지속적으로 목표물을 추적하는 목적 지향적 행동은 초기 인류의 사냥 행동과 관련이 있다.

도구 제작, 불의 사용, 집단 사냥을 통해 인간 사회에 강한 결속력이 생겼다. 함께 음식을 나누어 먹는 행위와 혈연으로 맺어진 친족 간의 유대는 인간 집단 결속의 원동력이 되었다. 언어가 출현하면서 집단 내의 평가가 언어를 통해 쉽게 전파되어 타인에 대한 배려가 중요해졌다. 언어를 통해 개념을 공유하면서 공통의 목표를 향한 집단 행동이 출현했다. 인간의 집단 지향성은 다양한 사회적 실재를 창조했다. 원시 부족 사회의 통과의례, 부족 간의 전쟁, 고대 국가의 율령과 복식은 모두 사회적 실재다. 현대 인간 문화의 근간이 되는 학교, 군대, 법률, 직업도 모두 집단 지향성이 만들어낸 사회적 실재다. 사회적 실재는 개념에서 만들어지고 개념은 언어를 통해 전파되고 확산된다. 언어를 통해 공유된 개념들이 만드는 사회적 실재가 바로 인간 문화의 핵심이다.

3 대뇌 신피질의 부피가 결정한다

운동은 계획과 실행의 두 단계로 나뉜다. 호모 하빌리스의 두개골 용량은 700cc이고 호모 사피엔스의 두개골 용량은 1400cc이다. 뇌 부피가 두 배이므로 표면적은 두 배에 조금 못 미치지만 호모 하빌리스에서 인간으로 진화하는 어느 단계에서 대뇌 신피질이 두 배 정도 확장했음이 분명하다. 불의 사용으로 음식을 익혀 먹으면서 소화 에너지가 절약되었고, 사냥으로 단백질 섭취가 늘어나면서 대뇌피질의 면적이 크게 확장되었다. 부족 내 언어를 통한 감정 표현과 의사소통은 기억 용량을 확장시켜 뇌 발달을 촉진시켰다.

인간 선조에서 두 배로 늘어난 대뇌 신피질은 주로 연합피질이다. 포유동물의 대뇌 신피질은 일차피질과 연합피질로 구분한다. 일차피질의 역할은 주로 유전자가 결정하며 사람마다 크게 차이가 없지만, 연합피질은 경험과 학습에 따라 사람마다 다를 수 있다. 인간 선조에서 약 200만 년 동안 진화하면서 감각연합피질과 운동연합피질이 두 배로 확장되었다.

감각연합피질이 확장되면서 시각과 청각 처리 영역이 확장했고, 시각과 청각 정보 처리 과정이 밀접하게 연결하여 감각의 연합이 일어났다. 시각과 청각을 처리하는 감각연합영역은 감각 언어피질로, 베르니케 영역 Wernicke's area이라 한다. 대뇌피질의 확장으로 말소리를 감지하는 감각연합영역이 발달함으로써 인간은 언어를 사용할 수 있게 되었다. 운동연합피질이 확장하면서 운동 계획이 정교해졌다.

동물은 운동을 계획하지 않는다. 동물은 감각 입력에 따라 반사적 행동 인간 뇌에서는 생명의 항상성을 조절하는 뇌간과 감각을 중계하는 시상이 중요하다. 시상과 대뇌피질이 상호 연결되고 해마가 발달하면서 기억 능력이 진화했다.

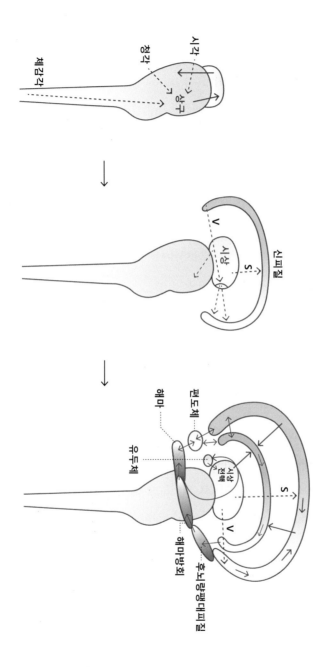

대뇌 전전두엽은 기억, 동기, 감정을 통합하여 목적지향적 행동을 만든다.

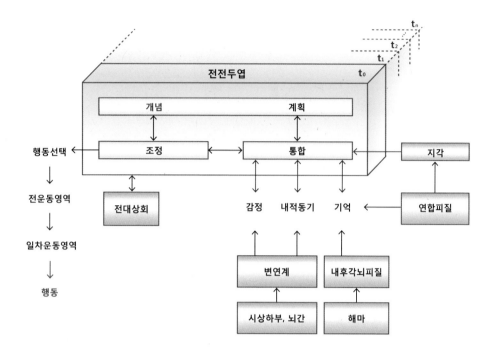

을 한다. 본능에서 나온 동물의 반사적 행동은 자극에 대한 반응 속도가 빠르고, 충동적이다. 인간은 반사적 행동을 억제하고 경험과 기억에 근거해서 행동한다. 인간은 행동을 계획과 실행의 두 단계로 나누어 진행한다. 두 배로 늘어난 운동연합피질이 기억을 바탕으로 운동 결과를 예측하면서 운동 출력을 계획한다. 발음 과정을 살펴보면 운동 계획 단계에서 발음이라는 운동이 출력되기 전부터 자신이 무엇을 말하려는지 알 수 있다. 즉, 자신의 운동 계획을 의식하는 과정이 바로 인간의 생각이다.

인간 대뇌피질의 확장은 감각연합피질의 확장으로 연결되어 감각을 연

대뇌의 후두엽에서 감각을 처리하고 전두엽에서 운동을 생성한다.

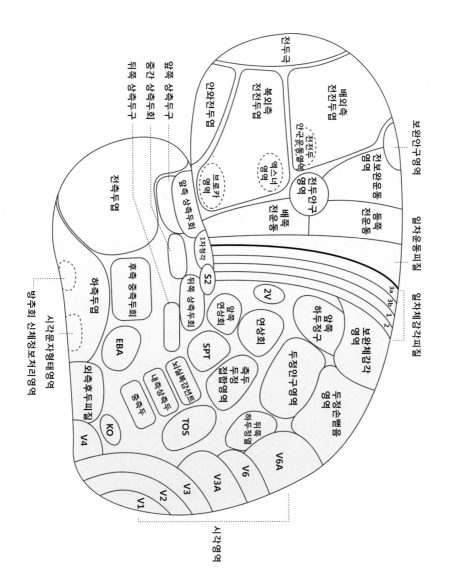

합하고 기억을 저장하는 능력이 발달했다. 운동연합피질이 확장되면서 운동을 계획하는 단계가 정교해졌다. 운동 계획은 이전의 다양한 기억을 참고하여 운동 결과를 예측하는 복합적인 과정이므로 참여하는 신경세포 집단의 규모가 증가했다. 서로 연합하여 함께 흥분하는 신경세포 집단이 많아지면 뇌는 이러한 과정을 의식할 수 있다. 의식 수준에 도달한 운동 계획 과정이 바로 인간의 생각이다.

의식 단계에 도달한 감각연합이 이전 기억과 비교하는 순간 지각 작용이 일어난다. 생각과 지각은 대뇌 신피질이 확장된 결과로 탄생했다. 경험의 감각자극이 연합하여 해마에서 새로운 기억이 생성되면 대뇌피질로 이동하여 장기기억으로 저장된다. 낮 동안의 경험기억이 해마에서 생성되고, 해마에서 일시적으로 저장된 기억이 밤에 서파수면을 하는 동안 대뇌피질로 이동한다. 대뇌피질로 이동한 최근의 기억은 이전의 유사한 기억과 결합하여 장기기억으로 저장된다.

이전에 기억된 내용이 없으면 학습된 내용이 장기기억으로 전환되기가 어렵다. 기억은 감각연합피질에서 유사한 이전 기억에 결합하여 저장되므로 새로운 기억이 저장되려면 반드시 이전 기억이 존재해야 한다. 이전 기억 없이 새롭게 학습하는 과정은 주로 반복적 절차기억을 통해 장기기억이 된다. 감각연합피질이 확장하면서 경험들이 장기기억으로 저장되고, 저장된 기억들을 비교하면서 공통 패턴을 범주화하여 다양한 개념이 생겨난다.

운동연합피질이 확장되면서 즉각적인 반사운동은 줄어들고 운동 계획에 의한 목적 지향적 행동이 발달한다. 동물의 운동 능력이 어떻게 진화했는지 보자. 양서류인 개구리는 순간적인 도약으로 움직인다. 파충류인 악어는 앞뒤 다리를 교대로 움직여 몸통을 거의 땅에 붙인 상태에서 짧은 구간을 이동한다. 포유동물은 앞다리와 뒷다리의 반복적 교번 운동으로 신속히 몸을 움직인다.

앞다리와 뒷다리를 모두 땅에 고정하는 동물과는 달리 인간은 직립함으로써 두 팔을 자유롭게 사용하여 운동의 자유도를 크게 증가시켰다. 팔 운동의 핵심은 목표를 향한 다양한 방향으로의 움직임이며, 손가락 운동은 대상을 잡아서 정교하게 조작할 수 있는 의도적 움직임이다. 손과 팔의 정교한 운동으로 도구 제작이 가능해졌다. 정교해진 손 운동 신경 회로에 기억 회로가 연결되면서 자신의 의도를 손가락 운동을 통해 전달하는 손짓 대화가 시작되었다.

인간 선조는 제스처를 동반한 손짓을 사용하면서 입술의 움직임도 많아졌다. 습관적 운동 기억을 처리하는 대뇌 기저핵에 손가락 운동 영역과 입술 움직임 영역이 중첩되어 있기 때문에 손가락 운동 출력은 입술 운동과 동시에 촉발된다. 색깔과 숫자를 처리하는 감각피질이 중첩되어 공감각이 생기듯이, 대뇌 기저핵에서 손가락과 입술 운동영역이 중첩되어 손짓과 동시에 입술 운동이 일어났다. 입술을 움직여 음성으로 의사를 전달하는 능력이 발달하면서 감정 신경 회로가 발음 운동 회로에 연합하면서 목소리에 풍부한 감정을 추가하는 능력이 진화했다.

손짓을 통한 의사소통은 감정 전달이 쉽지 않기 때문에, 의사 전달은 말소리가 전담하고 손 움직임은 도구의 제작에 특화되었다. 인간의 뇌는 진화하는 과정에서 대뇌 신피질이 두 배로 늘어나 감각연합피질에서 감각을 통합했다. 운동연합피질이 늘어남에 따라 운동 계획이 정교해지면서 즉각적 운동보다 목적 지향적 행동이 많아졌고, 이를 통해 지능이 크게 발달하였다.

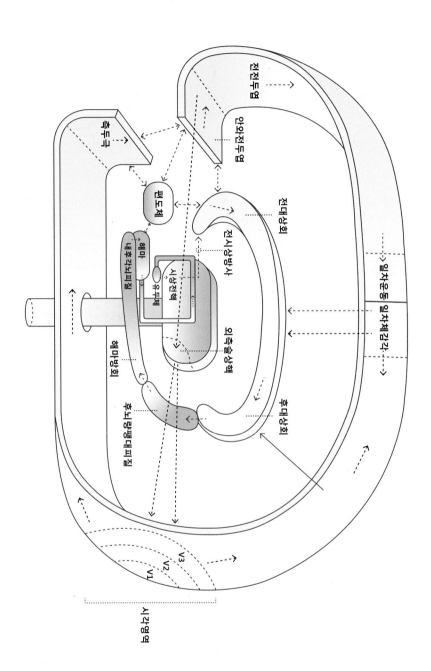

시각은 시상에서 일차시각피질로 중계된다. 후두엽에서 두정엽으로 진행되는 시각은 순 운동과 연결되어 행동을 촉발한다. 측두엽으로 입력되는 시각 정보는 해마로 입력되어 일화기억이 된다. 해마, 대상회, 해마방회, 전전두엽피질이 상호 연결하여 생존에 중요한 감각별로 기억으로 만든다.

242

4   도약하는 인류의 생존 능력

동굴 벽화에는 우리 선조들의 내면 세계가 새겨져 있다. 지금까지 발견된 동굴 벽화는 대부분 3만 년 전 이후에 만들어졌으며, 5만 년 전 초기의 동굴 벽화도 발견되었지만 아직 충분한 의도성을 찾기는 어렵다. 동굴 벽화는 후기 구석기 시대인 약 3만 년 전부터, 즉 인간이 만든 도구들이 정교해지는 시기에 출현했다. 사냥의 성공 여부는 부족의 생존 여부를 결정한다.

사냥은 성공 가능성이 낮은 활동이다. 자신보다 큰 짐승을 관찰하고 추적하고 접근하는 일련의 과정은 서너 시간 이상 집중해야 하는, 에너지가 많이 드는 활동이다. 성공률을 높이려면 대상에 좀더 가까이 접근해서 활을 쏘고 창을 던져야 한다. 정확하게 겨냥하는 것이 핵심이다. 화살이 빗나가거나 급소에 맞지 않으면 짐승은 다시 달아난다.

사냥은 성공 확률이 낮은 활동으로, 시도를 반복해야 한다. 확률이 낮은 행동을 계속하려면 동기와 의욕을 촉진시키는 도파민이 필요하다. 불확실한 보상에 대해 지속적인 시도를 유발하는 신경조절물질이 바로 도파민이다. 성패가 불확실한 사냥에서 어떻게 하면 보상 획득 확률을 높일 수 있는가가 핵심이다. 화살과 창이 정확하게 목표를 향해 날아가야만 한다. 정확도를 방해하는 요소는 심장의 충동적 박동과 근육들의 미세한 요동이다. 사냥이 성공하려면 차분하고 안정된 심리 상태, 집중과 집요함이 필요하다.

성공 가능성이 낮은 사냥에서 동물을 계속 추적하게 하는 힘은 도파민에서 나오지만, 사냥을 성공하게 만드는 과정은 집중과 정확한 운동 능력이다. 과도한 의욕으로 동작이 균형을 잃으면 사냥의 성공 확률이 낮아진다. 성공적인 사냥은 반복된 훈련으로 형성된 습관적 동작에서 나온다. 심리학 연구 결과에 따르면, 습관에 의한 인간 행동은 43퍼센트나 되고 이 비율은 나이와 직업에 상관없이 거의 비슷하다. 습관은 인간에게서 진화한 특별한 기능이므로 인간 행동의 약 절반은 습관적 행동이다.

구석기 시대부터 사냥을 통해 100만 년 이상 진화해온 인간 활동의 무의식화된 행동이 습관이다. 인간의 뇌는 좌뇌와 우뇌, 앞뇌와 뒷뇌로 구분할 수 있다. 뇌의 좌반구는 언어, 우반구는 정서라고 단순하게 구분하기도 하고, 앞뇌는 운동, 뒷뇌는 감각 처리를 하는 뇌로 구분하기도 한다. 다른 관점으로, 웬디 우드의 《해빗》에 의하면 시작하는 뇌와 반복하는 뇌도 있다. 시작하는 뇌는 전전두엽을 중심으로 연상 작용으로 학습을 하며, 반복하는 뇌는 대뇌 기저핵의 선조체와 연결된 감각연합피질의 감각-운동회로로 구성된다. 시작하는 뇌는 현재의 상태와 기억을 연결하여 행동의 목적을 설정한다. 반복하는 뇌는 전전두엽이 결정한 행동의 목적을 달성하기 위해 자동 운동을 반복하여 습관을 생성한다.

다시 사냥으로 돌아가보자. 화살이 빗나가 사냥에 실패하는 순간 도파민이 분비되어 달아나는 동물을 계속 추적하게 한다. 사냥 확률을 높이려면 의식하지 않은 상태에서 습관적인 동작이 나와야 하고, 그래야 근육의 흔들림이 줄어든다. 사냥감을 발견하고 정확히 활을 쏘는 과정에는 우연적 요소가 많다. 자신의 힘이 미치지 않는 우연적 상황은 더 큰 무언가에 의지하여 해결하려 한다. 그래서 자연의 초월적 힘에 의지하려는 의식이 진화하고 동굴 벽화가 출현한 것이다.

동굴 벽화를 그리는 행위는 사냥 확률을 높이려는 종교적 행동이다. 모든 종교에는 고유한 의식과 행위가 존재한다. 종교 의식은 정교하게 설계된 습관 행동이다. 마약, 도박, 알코올 중독이 설계되지 않은 습관 행동이라면, 설계된 습관 행동의 드문 예가 바로 종교 의식이다. 정교하게 설계된 종교 의식은 고요한 안정감을 만들고 불안감을 제거해준다.

구석기 시대, 인류의 선조에게 가장 필요한 심적 능력은 불안감을 제거해주는 자동적 습관 행동이었다. 운동 회로와 감각 회로가 직접 연결되어 감각 입력이 신호로 작용하는 순간 운동이 자동적으로 출력된다. 이 과정이 습관의 핵심이다. 목표에 도달하게 하는 인간 능력은 자동 반복되는 습관이며, 습관은 탁월함을 만든다. 설계된 습관은 인간의 창의성을 높인다. 습관적 행동은 반복적 자동 반응으로 뇌의 부담을 줄여준다. 그 덕에 습관 행동에 관여하지 않는 전전두엽은 새로운 학습을 할 수 있다.

습관은 정교하게 설계될 수 있다. 상황이 보내는 신호에 따라 행동을 반복하면 원하는 행동이 자동화된 습관으로 바뀐다. 습관 설계 과정은 이러하다. 먼저 접근이 쉬운 상황을 선택해 접근 문턱을 낮춘다. 그다음 접근 상황이 보내는 신호를 발견한다. 상황에서 나온 신호가 행동을 촉발하면 행동을 반복하도록 보상을 설정해야 한다. 습관을 설계할 때 보상은 불확실하게 주어야 한다. 보상이 불확실할 때 도파민이 방출되기 때문에, 계속 보상을 추구하는 반복 행동을 하면서 습관이 형성된다. 행동이 반복되어 습관이 강해지면 습관 행동은 보상과 무관하게 작동한다. 자동화된 반복 행동 그 자체가 보상으로 작동하는 현상이 바로 중독이다.

동물은 습관적 반응이 어렵다. 그래서 동물은 스스로 중독되지 않는다. 동물의 행동은 반사적 충동이다. 본능적 충동을 억제하고 습관 행동을 발달시킴으로써 인간에게는 반사적 행동이 억제되고 목적 지향적 행동이 발달하게 된다.

5   시각 사고와 언어 사고

인간은 시각 정보를 처리하는 데 능숙하다. 영장류에서 진화한 인간은 대부분의 정보를 시각으로 받아들인다. 백 번 듣는 것보다 한 번 보는 것이 더 중요하다. 공간 속의 사물은 보는 즉시 무엇인지가 분명해진다. 인간에게 시각은 상황을 곧장 파악하게 하여 행동을 안내해준다. 인간 뇌가 하는 일은 두 가지로 요약될 수 있다. 외부 환경의 대상이 무엇이며 그것이 무엇을 의미하는지 밝히는 일이다. 대상이 무엇인지 밝히는 과정은 주로 감각이 처리하며, 대상이 무엇을 의미하는지를 밝히는 과정은 지각이 처리한다.

지각은 감각 정보를 처리하는 과정에서 이전 기억과 비교한다. 물건을 보는 순간 즉각 그 물건이 무엇인지 알아차리기 때문에 지각 과정은 분리된 정신 작용으로 느껴지지 않고 자연스럽다. 인간은 지각된 것만 기억하고 기억된 것만 지각한다. 무언가를 지각하는 과정에는 반드시 그 대상에 대한 이전 기억이 존재해야만 한다.

뇌의 정보 처리는 감각 입력에서 시작된다. 감각 입력에는 감각 특성, 영역, 자극의 역치, 지속 시간이라는 특성이 있다. 시각은 빛, 청각은 소리처럼 개별 감각마다 고유한 에너지 형태가 있다. 이것을 감각 특성이라 한다. 감각의 영역은 감각 입력을 받아들이는 감각 세포들이 분포하는 특별한 영역으로, 시각의 경우 눈의 망막이고 청각은 달팽이관 속의 유모세포hair cell다. 감각에는 처리 가능한 기준인 역치가 존재한다. 감각의 역치는 감각들이 받아들이는 최대와 최소 자극의 범위를 제한한다. 지속 시간은 모든 감각이 효과적으로 작동하는 지속 범위다.

동물의 감각은 감각 세포들이 2차원 면에 존재하므로 감각 자극의 흔적이 지도를 생성한다. 감각 지도에는 체감각 지도, 망막 지도, 청각 지도가 있다. 체감각 지도는 촉각에 대한 지도인데, 입술과 손가락 끝에 촉각 세포가 밀도 높게 존재한다. 망막 지도는 시상의 외측슬상핵의 중계를 받아 후두의 일차시각피질로 투사한다. 청각 지도의 경우, 측두엽에 소리 주파수에 따라 청각 신경세포들이 배열되어 있다. 감각 자극이 생성하는 지도가 모여서 이미지를 만든다.

시각은 형태, 색깔, 움직임의 자극들이 각각의 지도를 생성한다. 형태, 색깔, 움직임의 시각 지도들은 시각 연합피질에서 결합해 시각 이미지visual image를 만든다. 청각의 경우, 소리의 강약, 주파수, 음색 지도들이 청각 연합피질에서 결합해 청각 이미지auditory image를 만든다. 이미지는 뇌 작용의 기본 단위다. 지각은 기억된 감각 이미지와 현재 입력되는 감각 정보를 비교하는 과정이다. 외부 대상에 대한 감각 이미지는 해마의 작용으로 장면 기억이 된다.

인간에게 시각 이미지는 행동을 안내하는 방향으로 진화했다. 어두운 곳을 걸을 수는 있지만 달릴 수는 없다. 인간은 시야가 어두워지면 행동할 수 없다. 시각 대상의 이미지가 동작을 촉발하고 행동의 방향을 알려주기 때문이다. 인간은 볼 수 있으면 행동할 수 있다. 그래서 시각은 행동의 안내자다. 시각피질의 정보 처리에는 두정엽으로 가는 경로와 측두엽으로 가는 경로가 있다. 두정엽으로 가는 시각은 손동작과 결합하여 행동을 안내하고, 측두엽으로 진행하는 시각은 시각 이미지를 생성한다. 청각 이미지는 뒤에서 접근하는 위험을 탐지하여 공포 반응을 학습하게 한다.

시각 이미지와 청각 이미지는 다중감각연합피질에서 결합된다. 시각,

청각, 촉각의 이미지들이 결합되는 다중감각연합피질이 바로 장기기억을 저장하는 영역이다. 다중감각연합피질에서 현재 생성하는 감각 이미지들이 이전 기억과 결합하는 과정이 지각이고 기억이다. 감각 이미지들이 결합하는 곳은 음성 처리 피질인 베르니케 영역이다. 근육과 관절에서 입력되는 고유 감각은 신체 표상을 만들고, 자신의 신체 표상이 기억된 장면의 시각 이미지와 결합하면 시각 장면 속에서 존재하는 신체 감각인 자아감sense of self이 출현한다. 베르니케 영역에서 생성하는 감각 언어 이미지가 하측전전두엽inferior prefrontal cortex의 발음 운동 이미지와 상호 연결되어 언어가 출현한다. 뇌는 이미지를 생성하고 전달하고 결합한다.

감정도 내장 이미지에서 시작한다. 간, 허파, 심장, 소장, 대장의 내부 장기에 대한 이미지는 뇌섬insula 피질의 후엽에 존재한다. 뇌섬은 전엽과 후엽으로 구분되는데, 전엽은 사회적 정서를 처리하고 후엽은 통증, 혈압, 내장 지도의 정보를 처리한다.

뇌섬 후엽에서 만들어지는 내부 장기 지도 정보가 대뇌피질의 체감각피질로 입력되어 더 상세한 연합 체감각 정보가 만들어진다. 체감각피질은 전대상회, 편도체와 연결되어 내부 장기의 상태 정보를 감정으로 나타낸다. 시각 이미지, 청각 이미지, 촉각 이미지, 내부 장기 이미지들이 서로 결합하여 감정, 느낌, 상상, 지각, 기억, 생각을 만든다. 이미지는 뇌 작용의 정보 처리 단위이며, 시각적 이미지는 장면을 구성한다.

200만 년 전 구석기 시대에 인간 선조는 집도 없고 길도 없는 야생 환경에서 맹수를 피하고 먹이를 찾기 위해 방랑하면서 살아갔다. 그들은 먹이를 발견한 장소와 맹수가 출몰하는 지형의 특징들을 시각 이미지로 기억했다. 언어가 출현하기 이전에 초기 인류는 간단한 소리와 몸짓으로 의사소통했다. 이동하면서 만나는 장소에 대한 정보는 생존에 중요한 요소였다. 그들은 장소에 대한 기억을 느낌과 결합해 위험한 장소와 안전한 장소에 대한 감각을 발달시켰다. 장소에 대한 정보는 해마방회parahippocapal gyrus에서 처리한다. 해마에서 특정한 곳에서 자신이 경험한 사건에 대한 기억인 일화기억을 만든다.

일화기억은 하나의 장면을 생성한다. 호모 사피엔스가 언어를 사용하면서부터 시각 이미지를 하나의 말소리로 발음하는 능력이 출현했다. 하나의 장면 속에는 많은 사물이 있고, 사물을 나타내는 단어와 장면 속에서 자신의 행동을 표현하면서 짧은 문장이 생겼다. 시각 이미지에 대응하는 언어가 발달하면서 인간의 뇌는 이미지 사고와 언어 사고 모두 가능해졌다. 이미지 사고는 200만 년 이상 됐지만, 언어 사고가 출현한 것은 대략 10만 년 정도다. 이미지 사고는 구석기 시대 인류의 선조, 동물, 자폐아가 주로 사용하는 생각의 형태이며, 현대 인류도 매일 밤 꿈을 통해 이미지 사고를 한다.

인간의 사고를 이미지 사고와 언어 사고로 구분하면 뇌 작용을 이해하기가 쉽다. 논리, 추론, 계산에서는 주로 언어 사고를 사용한다. 반면 기억, 상상, 느낌, 창의성은 이미지 사고다. 인간의 정신 작용은 이미지 사고가 많아질수록 창의성이 높아진다. 동물은 주로 시각적 사고를 하지만 인간은 시각적 사고와 함께 언어에 의한 사고를 한다.

6   뇌는 무엇이든 연결하려 한다

신경세포는 자극을 받아 다른 신경세포와 연결되면 산소와 포
도당을 공급받는다. 그래서 신경세포는 연결되지 않으면 생존할 수 없다.
신경세포와 신경세포의 연결로 신경 회로가 만들어지는데, 기억과 언어
는 모두 신경 회로의 작용이다. 신경세포가 다른 신경세포와 접속하는 부
위를 시냅스synaps라 하는데, 신경세포 1개당 대략 1만 개의 시냅스가 존재
한다. 시냅스는 감각 자극 반응으로 많이 생겨나기도 하고 수면을 통해 줄
어들기도 한다. 인간 뇌에는 약 1000억 개의 신경세포가 있고, 각각의 신
경세포에는 1만 개 이상의 시냅스가 존재한다. 따라서 인간 정신의 실체는
1000조 개나 되는 시냅스의 동적 상호작용이라 할 수 있다.

시냅스는 접촉이 아닌 두 신경세포 사이의 공간이다. 시냅스를 형성하
는 신경세포의 돌기를 스파인spine이라 한다. 1개의 신경세포에서 돌출하
는 1만 개의 스파인은 인접한 신경세포와 전압 펄스, 신경전달물질의 작
용으로 서로를 자극한다. 신경세포는 전압 펄스를 만드는 세포다. 감각, 지
각, 생각 모두 전압 펄스의 서열sequence일 뿐이다. 시각과 청각도 신경세포
에 입력하는 전압 펄스일 뿐이다. 감각 지도가 결합하여 이미지를 형성하는
과정도 전압 펄스가 전달하여 함께 회로를 만드는 현상이다. 신경세포는 서
로 전압 펄스를 주고받으면서 결합해 신경 회로를 만든다.

신경과학의 기본 원리는 신경세포가 흥분하면 결합한다는 것이다. 신경
세포가 서로 연결하려는 속성이 기억에서 연상 작용으로 드러난다. 생각
의 과정은 연상 작용이다. 연상은 상과 상을 연결하는 것인데, 이때의 상이

시각, 청각, 체감각의 감각 입력이 시상핵의 중계로 일차감각피질로 전달되고, 연합감각피질에서 기억으로
저장된다. 전전두엽, 측두엽, 변연계, 전뇌 기저부가 모두 상호작용하여 기억을 저장하고 인출한다.

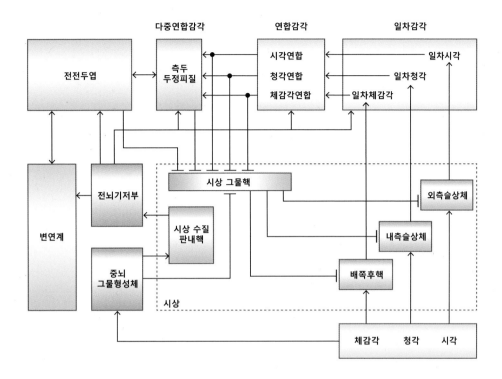

바로 이미지다. 시각 이미지로 연결된 연상 작용이 시각 사고를 만들고, 단
어 이미지로 연결된 연상 작용이 언어 사고를 만든다. 음소를 연결해 단어
를 만들고, 단어를 연결해 문장을 만든다. 화학 분자 운동을 연결해 냄새와
맛의 감각을 만든다. 각각의 운동 출력을 연결해 목적 지향적인 행동을 만
든다. 베 짜기, 집 짓기, 글쓰기는 모두 손동작의 연결이다.

단일 동작들을 연결하여 복합적인 행동 패턴을 만드는 것이 인간
의 행동 방식이다. 각각의 단일 운동을 반복하면 대뇌 기저핵의 선조체

에 운동습관으로 저장되고, 이러한 단일 운동 정보가 전보완 운동영역 presupplementary motor area에서 순서대로 연결되어 행위를 구성하는 하나의 운동 출력이 된다.

하나의 이미지가 기억 속에 있는 이전의 유사한 이미지와 연결되어 그 이미지가 인출되는 과정이 바로 회상이다. 기억이 인출되는 현상이 자동 연상 회상 과정이다. 경험기억이 반복적으로 회상되면 자전적 기억을 구성하고 자아감을 만든다. 감각 입력은 기억을 인출하는 자동 연상 작용을 촉발하는 단서로 작용한다. 기억은 감각피질에서 단계적으로 처리하여 생성되며, 최종 기억은 불변 표상으로 저장되고 자동 연상 작용을 통해 인출된다. 시각이 단계적으로 처리되는 과정을 보면, 일차시각피질에서는 점을 연결하여 선분을 만들지만 연합시각피질에서는 형태, 색깔, 움직임을 결합해 하나의 대상을 만든다.

시각적 대상이 형성되면 보는 각도나 조명에 관계 없이 동일한 실체로 지각하는 지각 항등성perceptual constancy이 출현한다. 지각 항등성이 바로 불변 표상이다. 사과를 생각한다는 것은 지금 눈앞에 놓인 실물 사과가 아닌 지각의 항등성으로 만든 개념적 사과를 떠올리는 과정이다. 지각의 항등성이 지각의 범주화를 만들고, 범주화된 지각 작용의 공동 속성이 다시 범주화되어 개념이 출현한다. 그래서 인간의 지각은 개념을 넘어설 수 없다. 개념의 한계가 인식 작용의 한계다.

사물과 사건의 특성이 범주화한 개념으로 표상되어 단어라는 기호로 전환되면서 인간의 언어가 시작되었다. 사물과 사건의 이미지가 단어와 문장으로 표현되면서 언어에 의한 인간의 기억 능력은 폭발적으로 증가했다. 인간은 사물과 사건의 특성에서 시간과 공간이 변화해도 바뀌지 않는 관계를 불변 표상인 단어로 기억한다. 언어는 불변 표상이다. 하나의 단어는 수백 년 동안 사용된다. '책상'이란 단어를 떠올려보자. 책상의 재료나 형태 등은 시간과 공간 속에서 바뀔 수 있지만 책상의 역할은 변하지 않는다. 역할, 즉 목적이 개념을 생성한다.

단어의 본질이 의미이고, 그 의미가 개념이다. 개념은 예측을 동반한다. 언어는 대부분 개념이지만 개념은 언어 이전에 출현했고, 언어에 의해 개념적 사고가 급격히 발달했다. 자폐아는 시각적 개념으로 세계를 인식한다. 언어로 표상하기 힘든 개념도 많다. 개념은 목적과 의도에 따라 사물과 사건을 범주화해서 생겨난다. 개념은 예측을 통해 목적 지향적인 행동을 안내한다. 민주주의에 대한 개념, 환경 보호 같은 개념이 생겨나면서 인간의 행동은 바뀌고 있다. 언어 개념 회로가 행동 출력 회로와 연결되면 개념적 행동이 나온다. 신경세포가 연결되어 신경 회로를 구성하고 신경 회로가 연결되어 목적 지향적인 행동이 가능해진다. 개념 회로와 예측 회로가 연결되어 행동이 만들어지는 과정이 인간 인지 작용의 핵심이다.

7   뇌의 구조와 인류의 진화

대뇌피질은 신피질 neocortex, 구피질 paleocortex, 원시피질 archiocortex로 구분된다. 어류와 양서류는 구피질이 대부분이지만, 파충류부터 신피질이 출현하면서 포유동물의 대뇌피질에서는 신피질이 큰 영역을 차지하게 되었다. 포유류는 대뇌 신피질이 확장되면서 구피질과 원시피질이 안으로 이동했다. 구피질은 후각 정보처리 피질로, 편도체와 중격 영역 septal area으로 신호를 보낸다. 원시피질은 기억을 생성하는 해마 영역으로, 해마의 치상회에서 과립세포가 지속적으로 생성된다.

신피질은 6개 층으로 구분되는데, 각 층은 시각, 청각, 체감각의 감각 정보를 다층적으로 처리해 사물과 사건에 관한 이미지를 만든다. 신피질은 자신이 생성하는 이미지를 기억으로 저장해 그 기억을 바탕으로 운동 출력을 생성한다. 신피질이 발달하면서 포유동물의 환경 적응 능력이 확장되었다. 박쥐, 고래, 인간은 모두 포유동물이다. 박쥐와 고래는 음파를 분석하는 신피질의 청각 시스템 덕에 어두운 밤하늘과 바다에 적응했다.

인간은 크게 늘어난 대뇌 신피질 작용으로 기억과 개념을 만들어 우주와 자신의 기원을 추적하는 지적 존재로 진화했다. 이러한 적응 능력은 모두 대뇌 신피질의 작용이다. 포유동물의 대뇌 신피질은 두께가 2~5밀리미터 정도이고 피라미드 세포와 억제성 세포로 구성된다. 신피질은 표층에서부터 여섯 층으로 구분되는데, 가장 바깥의 1번 층은 피질 간 신경 축삭다발의 연결층으로, 분자층이라 한다. 2번 층은 외측 분자 층으로 1번과 비슷하게 신경세포는 없고 신경연결다발이 대부분이다. 3번 층에는 외측

피라미드 세포가 분포하고, 2번 층과 함께 피질 내의 신경정보 전달을 담당한다. 4번 층은 내측 과립세포층으로, 시상으로부터 감각 입력을 받으며 일차시각피질에서 특히 발달한다. 5번 층은 내측 피라미드 층으로, 큰 피라미드 세포가 일차운동피질로 빠른 운동 신호를 출력하고, 피질의 다른 영역과 피질 아래의 신경핵들로 신호를 보낸다. 전두엽의 5번 층은 과립세포가 없는 무과립층이다. 6번 층은 주로 신경 축삭다발로 대뇌피질 아래의 신경핵들로 신경 자극을 출력한다.

인간의 중추신경계는 어류에서 진화해온 척수신경과 대뇌 신피질이 감각과 운동신경로를 통해 서로 연결되었다. 따라서 각각 다른 경로에서 입력된 정보가 신속하게 통합된다. 척수신경과 대뇌를 중추신경계라 하는데, 척수신경에서 온몸으로 뻗어나가는 신경을 말초신경계라 한다. 척수신경은 몸통과 팔다리의 감각과 운동을 조절한다. 척수 위쪽의 연수, 교뇌, 중뇌를 합쳐서 뇌간brain stem이라 한다. 뇌간에는 미각, 청각, 균형감각을 처리하는 신경핵이 밀집해 있다. 연수에는 심장 박동과 호흡을 담당하는 신경핵이 있는데, 연수 위쪽의 교뇌핵은 대뇌피질에서 소뇌를 서로 연결하여 운동과 감각 정보를 전달한다.

소뇌는 자세 유지, 머리, 팔, 눈 운동 조절, 새로운 운동 학습, 고유감각 처리를 담당한다. 소뇌를 제거하면 제4뇌실이 드러난다. 제4뇌실의 바닥에는 균형감각을 처리하는 전정핵vestibular nucleus, 청각 신경인 나선신경절, 안면신경핵이 위치한다. 교뇌 등쪽에 상구superior colliculus와 하구inferior colliculus가 있는데, 상구는 반사적 눈동작, 하구는 청각 신호를 처리하는 신경핵이다.

상구에서 연수까지를 뇌간이라 하는데, 뇌간에는 그물형성체reticular formation가 분포한다. 여기서 상행과 하행의 긴 축삭다발이 뻗어 나가는데 상행 신경다발은 대뇌 신피질의 의식 상태를 조절하고, 하행 신경다발은 운동 조절 기능을 한다. 상구 위쪽에는 감각정보를 대뇌 신피질로 전달하는 시상thalamus이 있다. 시상은 전전두엽과 연결하여 인지 회로, 대상회와 연결하여 정서 회로, 운동피질과 연결하여 운동 회로를 형성한다. 인지 회로, 정서 회로, 운동 회로가 상호작용함으로써 인간은 목적 지향적인 행동을 한다. 시상과 대뇌 신피질의 상호 연결로 인해 의식이 생성되고 맥락에 따라 주의 집중하는 대상을 이동할 수 있다.

대뇌 신피질이 확장된 덕에 인간은 감각을 연합하여 이미지를 생성하고, 운동 출력을 계획해 목적에 맞는 행동을 선택한다. 언어의 진화를 따라 개념을 범주화함으로써 인간은 지각과 기억을 통해 내면의 세계를 창조했다. 범주화를 통해 뇌가 구성하는 세계는 실제 자연이 아닌 뇌가 만든 가상 세계다.

8   뇌 그리고 의식의 탄생

의식은 각성 상태에서 작동한다. 의식에는 상태와 내용이라는 두 가지 속성이 있다. 의식 상태는 신경조절물질인 세로토닌serotonin, 아세틸콜린acetylcholine, 노르에피네프린norepinephrine의 작용이다. 의식의 내용은 대부분 기억이며, 기억은 신경전달물질인 글루탐산과 가바GABA의 작용에서 만들어진다. 의식 수준에 도달한 뇌의 활성 상태에는 각성 상태와 렘수면 상태의 꿈이 있다. 각성 상태일 때는 전뇌 기저핵에서 대뇌 신피질의 피라미드 세포로 방출되는 아세틸콜린의 작용으로 기억의 연상 작용이 촉진된다.

뇌간의 청반핵Locus coeruleus을 구성하는 신경세포는 대뇌 신피질에 노르에피네프린을 분비해 뇌에서 처리하는 정보를 장기기억으로 만든다. 렘수면 상태에서 꿈을 꿀 때는 전전두엽에서 세로토닌과 노르에피네프린의 분비가 줄어들기 때문에 그 내용을 장기기억으로 전환하지 못한다. 그래서 꿈은 곧장 잊힌다. 꿈도 뇌가 활발히 작동하는 의식 상태이므로 꿈 내용 속에서 사물을 지각하고 말을 듣고 이해할 수 있다.

꿈과 낮 동안의 각성 상태는 다르다. 꿈의 의식 상태는 감각 입력의 안내 없이 뇌가 기억을 이용해서 내면의 영화를 상영하는 것이다. 반면 각성 상태에서는 전전두엽이 상황의 맥락에 맞게 기억을 인출해서 상황에 맞는 행동을 선택한다. 전전두엽은 비교, 예측, 추론, 판단을 통해 목적에 맞는 행동을 선택한다. 감각 입력을 통해 외부 세계의 정보가 모이는 동시에 척수와 뇌간의 상행 감각 신경로를 통해 신체 상태의 정보가 전전두엽에 도 각성, 비렘수면, 렘수면 상태일 때 뇌간, 해마, 시상, 대뇌피질의 연결 상태.

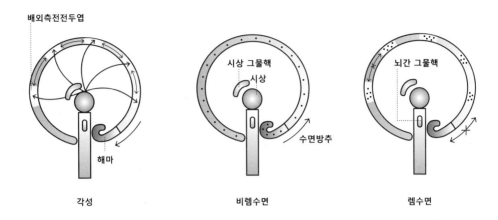

달한다. 전전두엽은 내부 본능 정보와 외부 환경 정보를 통합하여 적절한 행동을 선택한다.

전전두엽의 기능에서는 충동 억제, 작업기억, 시간 의식이라는 세 가지가 중요하다. 전전두엽은 충동을 억제한다. 배고픔과 갈증 같은 신체 상태에서 비롯된 욕구는 시상하부를 거쳐서 편도체와 중격핵에서 내측전전두엽으로 입력되고, 이를 통해 신체 욕구 상태에 대한 평가가 이루어진다.

편도체는 감정을 증폭하여 강한 충동력을 만들어 동물의 생존 반응을 일으킨다. 인간이 사회화됨에 따라 편도체의 감정 충동을 억제하는 전전두엽의 힘이 강해졌다. 전전두엽의 작업기억 기능은 맥락에 맞는 행동을 하는 바탕이다. 작업기억은 장기기억 중 현재 운동 출력에 관련되는 기억이다. 우리는 미소 짓고 책 읽고 산책하는 매 순간 작업기억 덕에 적절한 행동을 한다. 작업기억 덕분에 현실적 존재가 된다. 작업기억의 작동이 멈추면 우리의 현재는 분해된다. 전전두엽의 시간 의식은 사건의 원인과 결과로 연결하는 순서 의식으로, 구성적 사고를 가능하게 해준다.

해마는 장소와 관련한 기억을 생성한다. 장소기억은 장소와 사물이 결합하거나 사건에 맥락이 연결되는 방식으로 작동한다. 해마의 장소기억이 기억된 시각 공간을 만들면서 기억에서 인출하는 시각 공간 속에서 신체 지도에 대한 느낌이 결합하여 자아감이 생성된다. 해마의 장소기억에 가치로 범주화된 사물과 장면이 생겨나는데, 이러한 장면의 생성이 바로 에델먼의 일차 의식이다.

가치 범주 기억인 장면은 대뇌 연합피질에 저장된다. 전전두엽은 장면 기억을 인출하여 현재 전개되는 사건을 맥락에 맞게 연결해 내면의 드라마를 만든다. 이 과정이 의식의 흐름이고, 인간의 사고 과정이다. 전전두엽에서 장면 기억을 맥락 순서에 따라 연결하는 과정에서 시간 의식이 출현한다. 운동 계획을 의식적으로 알아차리는 현상이 바로 생각이다. 전전두엽은 기억을 인출하는 과정을 통해 기억의 상태를 조절한다.

꿈속의 의식 상태에서 내면의 드라마를 만드는 감독은 전전두엽이 아닌 편도체. 렘수면 상태의 꿈에서는 배외측전전두엽의 활성이 미약하여 감정 증폭기인 편도체가 드라마를 만들어낸다. 편도체는 주로 시각 기억들을 인출하여 감정이 풍부한 동영상을 만든다. 꿈에서 등장인물은 항상 움직인다. 꿈은 동사로 가득한 세계다. 기억된 시각 공간 속에서 등장인물들은 계속 움직이지만 장면의 변화는 불연속적이다. 꿈의 의식 상태에서 등장인물과 행동에 불연속이 생기는 이유는 작업기억을 생성하는 배외측전전두엽의 작동이 약화되기 때문이다. 꿈의 내용은 인과적 사고가 약한데, 인과적 사고는 언어에 의해 생성되는 인간 인지 작용의 특성이기 때문이다. 동물은 인과적으로 행동하지 않는다. 시각적 사고를 하는 동물들은 감각에 대한 반응에 따라 행동한다.

인간의 사고는 언어의 파생물이다. 꿈에서는 주로 은유적으로 감정을 표현한다. 각성 상태의 의식은 빈틈이 많다. 각성 상태에서는 종종 맥락 없는 공상에 빠지거나 멍한 상태에 빠지곤 한다. 꿈의 의식 상태는 생생한 내용으로 가득하다. 그래서 꿈은 유난히 생생한 의식이다. 의식은 상태와 내용이 각각 다른 방식으로 생겨나서 서로 결합한다. 의식의 내용 없이 의식 상태만 생생하게 존재할 수도 있다. 의식의 내용 없이 명료한 의식 상태만 유지되는 뇌의 각성 상태가 바로 명상 수행자들이 도달하고자 하는 '자아가 사라지는 상태'다.

서파수면은 의식의 상태도 없고 의식의 내용도 없는 무의식 상태다. 그래서 뇌의 휴식 상태인 서파수면 때 뇌 고유의 진동이 작동한다. 서파수면 때는 시상 감각중계핵과 대뇌 신피질이 상호 연결되어 델타파가 발생하고, 시상 그물핵과 시상 감각중계핵의 연결로 수면 방추sleep spindle가 출현한다. 서파수면 2단계에서부터 출현하는 수면 방추는 10헤르츠 정도의 뇌파로 해마에서 대뇌 신피질로 생성한 기억을 이동시키는 데 관여한다.

해마는 경험기억을 만든다. 기억은 해마가 생성하는 200헤르츠 정도의 빠른 리플파Sharp Wave ripple(SWR)에 결합하여 출력된다. 해마에서 출력하는 리플파가 해마 생성 기억을 수면 방추로 전달한다. 서파수면의 수면 방추는 기억을 실어서 대뇌 신피질로 옮겨 장기기억과 결합시킨다. 서파수면의 무의식 상태에서 뇌는 에너지를 절약하고, 느린 속도의 결 맞은 뇌파가 서로 중첩되면서 진폭이 큰 델타파를 생성한다. 간질 발작과 서파수면은 느리고 진폭이 큰 동기화된 뇌파다.

의식 상태와 렘수면에서 뇌파는 비동기파로, 빠르지만 진폭이 낮다. 뇌는 각성에서 서파수면을 거쳐 렘수면으로 진행한다. 유아기에는 렘수면 시간이 길다. 렘수면은 의식의 원초적 상태로 볼 수 있다. 서파수면시에는 해마에서 만든 기억이 대뇌피질로 이동하여 저장된다. 기억은 반복적으로 회상하는 과정에서 새롭게 재구성할 수 있다. 그래서 기억은 구성적 재범주화 과정이다. 뇌과학자 에델먼이 주장했듯이 기억은 역동적이며 시스템적 속성이 있다.

9 의식에서 세계가 출현한다

의식은 인간 뇌의 특질이다. 뇌과학 연구에서도 의식에 관해서는 아직 모두가 동의하는 이론이 없다. 제럴드 에델먼, 안토니오 다마지오Antonio Damasio, 조지프 르두Joseph LeDoux 모두 의식에 대한 이론을 전개해왔다. 다마지오의 뇌과학은 느낌으로 시작하여 앎으로 향한다. 다마지오는 안와전두피질orbitofrontal cortex에 종양이 생긴 환자를 관찰하면서, 감정이 거의 사라진 사람은 생존에서 중요한 판단력이 흐려짐을 알게 되었다. 그는 올바른 선택을 하는 판단력은 이성이 아니라 감정에서 생긴다는 결론에 도달했다. 그래서 신체와 정신을 분리하여 이성의 역할을 강조한 데카르트의 이원론이 틀렸다고 주장한다.

안토니오 다마지오는《데카르트의 오류》라는 책에서 감정과 느낌은 신경계가 신체 상태에 관한 정보를 처리하는 과정에서 생기며, 항상성이 정보의 핵심이라고 설명한다. 다마지오가 뇌의 작용을 보는 관점은 항상성homeostasis이라는 단어의 정의 속에 모두 담겨 있다. 항상성은 생존 가능한 영역에 머물도록 해주는 생물의 능력이다. 항상성이 유지되는 동안만 생물의 생명 현상이 작동될 수 있다. 생명 현상에서 출현한 항상성에는 자동적 항상성과 확장된 항상성 두 가지가 있다. 자동적 항상성은 세포 수준의 대사 작용, 면역반응, 조건반사의 세 가지 작용에서 시작한다. 박테리아와 진핵세포에서 항상성 작용은 생화학 분자 작용에서 쾌감과 통증을 일으켜 접근과 회피 반응을 가능하게 한다. 접근과 회피 반응이 다세포 생물에서는 충동과 동기를 유발하여 동물의 반사적 동작을 야기한다. 충동과 동기는 일차 의식이 출현하는 포유동물의 초기 감정 상태를 만든다.

다마지오는 동물과 인간의 원초적 감정을 신체 상태에 관한 배경 정서, 사회적 관계에서 출현하는 사회적 정서 그리고 거친 동물적 일차 감정으로 구분한다. 동물적 일차 감정은 몸과 내부 장기의 상태 정보를 비의식 상태에서 처리하는 과정인 정동affect에서 생겨난다. 쾌감과 불쾌감의 일차 감정이 대뇌피질의 인지적 해석을 통해 느낌 상태를 만든다. 통증과 쾌감의 정동적 신체 반응이 사회적 개념으로 해석되면 감정이 된다. 반사적 속성을 지닌 거친 감정들이 대뇌피질에서 기억과 인식 작용에 의해 재인식되면서 느낌이 생성된다.

다마지오는 느낌이 생성되는 과정을 《느낌의 진화》라는 책에서 구체적이고 종합적으로 설명한다. 그는 느낌, 의식, 자아를 이미지의 생성과 처리 과정으로 설명한다. 인간이 생성하는 이미지는 내부 장기 이미지, 몸 이미지, 외부 이미지의 세 가지다. 오래된 내부 장기는 내분비 시스템에 있는 화학 분자들을 분비하여 몸 전체의 항상성을 유지한다. 내부 장기의 통합적 항상성 체계인 내분비계, 순환계, 면역계는 가장 오래된 생존 시스템이다. 이것은 인간의 본능적 욕구를 담는 내부 이미지를 생성한다. 내부 장기의 내부 이미지 정보는 정동에서 감정 그리고 최종적으로 느낌을 만든다. 몸 이미지는 척추동물에서 진화한 근육과 골격 움직임에 관한 이미지이며, 피부 촉각은 몸 이미지의 경계를 구성한다. 외부 세계의 이미지는 입력된 외부의 시각, 청각, 촉각이 대뇌피질에서 신경 회로의 패턴인 지도를 만들고 시각의 형태, 색깔, 움직임이 개별 지도들과 결합해 생성된다.

시각과 청각이 이미지와 결합해 외부 세계의 사물과 사건에 관한 감각 이미지가 만들어진다. 외부 세계의 이미지는 대뇌 후두엽의 감각연합피질에서 생성된다. 내부 장기의 내부 이미지 정보는 혈액을 통해 시상하부로 입력되어 대뇌피질의 외부 대상 이미지에 영향을 준다. 내부 이미지에서 시작하는 느낌이 외부 세계의 이미지와 결합하는 것이다. 의식은 외부 세계 이미지와 자신의 내부에서 생성된 느낌이 결합하여 출현하며, 몸 이미지와 내부 이미지가 외부 이미지와 결합하여 자아의식이 생겨난다.

이처럼 느낌과 의식 그리고 자아의식을 설명하는 다마지오의 이론은 《데카르트의 오류》, 《스피노자의 뇌》, 그리고《느낌의 진화》라는 세 권의 저술에서 자세히 설명되고 있다. 다마지오는 2021년《느끼고 아는 존재》라는 책을 통해 느낌에서 출발하는 자신의 의식에 관한 이론을 앞으로 확장시켰다.

박테리아와 세포 수준에서 일어나는 자동적 항상성의 세계가 바로 생명 존재 그 자체다. 자동적 항상성은 생물 전기 현상을 조절하는 정교한 기계 장치에 의해 자동적으로 유지된다. 확장된 항상성은 느낌에서 생성하는 의식이 출현해야만 가능하다. 인간이 만든 복잡한 사회와 문화에서 생겨나는 예측하기 힘든 상황에 대응하는 과정에서 진화한 환경 적응 능력이 인간 고유의 특질이다.

외부 세계 이미지에 신체 이미지와 내부 장기 이미지가 결합되면서 이미지의 소유권, 즉 자아가 생성되었다. 자아 이미지는 느낌을 동반하기 때문에 느낌으로 채색되는 정보가 많아지면서 의식이 출현한다. 의식 상태는 대뇌피질의 광범위한 기억을 순식간에 통합해준다. 내부 장기의 내수용 감각, 근골격계의 고유감각, 대뇌 감각피질의 외부 감각이 통합하여 의식적 느낌과 자아가 작동한다. 공포 방어 생존 반응을 오랫동안 연구한 뇌과학자 조지프 르두도 느낌의 생성 과정을 감각 입력 처리, 뇌 각성 상태, 신체 피드백, 방어 생존 회로, 기억이 모두 참여하는 인간 뇌의 핵심 작용으로 설명한다.

기억된 이미지의 공통 부분이 개념이 되고 이미지가 부호로 전환되어 언어가 출현한다. 이미지가 언어로 표상되면서 대규모 정보에 신속하게 접근하게 된 상태가 바로 의식이다. 인간은 확장된 항상성인 느낌과 의식의 작용으로 통합된 정보를 즉시 이용할 수 있는 유일한 종이 되었다. 통합된 정보가 바로 지식이며 앎이다. 그래서 다마지오의 뇌과학은 존재에서 느낌으로, 느낌에서 앎으로 나아간다. 의식은 지식이다.

뇌과학의 마지막 질문은 의식의 실체를 밝히는 것이다. 의식 상태에서 뇌의 전기화학적 현상이 어떻게 현상적 실체인 느낌을 만들어내는지는 밝혀내기 어려운 문제다. 신경세포의 전압 펄스가 어떻게 통증과 쾌감이라는 의식이 되는지를 묻는 질문이기 때문이다. 의식의 실체를 밝히려는 뇌과학자들은 다양한 접근 방식으로 집요하게 탐구해왔다. 의식에 관한 연구로는 에델먼의 일차 의식과 고차 의식 모델, 줄리오 토로니 Giulio Toroni의 의식의 정보통합 이론, 조지프 르두의 의식의 다중 상태 계층 모델이 학계의 주목을 받고 있다. 의식에 관한 다마지오의 이론은 항상성을 바탕에 두고, 변화하는 환경에 적응하는 과정에 확장된 항상성 상태인 느낌이 출현한다고 주장한다. 다마지오가 평생 추구해온 뇌과학은 존재에서 느낌으로, 느낌에서 앎으로 진행한다.

다마지오의 이론은 '의식은 지식이다'로 요약된다. 이때 지식은 정보다. 의식이 곧 지식이라는 다마지오의 주장은 '의식은 고등한 분별'이라는 에델먼의 주장과 맥락이 같다. 다마지오는 박테리아의 비명시적 의식에서 인간의 확장된 의식까지 설명하면서, 인간의 확장된 의식이 가능하려면 명시적으로 이미지 패턴을 처리해야 한다고 주장했다. 명시적 정보 처리는 시각 작용처럼 공간성이 확보되어야만 가능하다. 지각, 개념, 의미는 현재 입력된 감각과 이전의 기억을 비교함으로써 출현한다. 그래서 다마지오는 대상과 기억 사이의 공간성으로 의식적 명시성이 출현한다고 주장한다. 대뇌피질의 제한된 공간에 새로운 기억이 저장되려면 이전 기억들은 배열을 바꾸어야 한다.

　결국 인간의 뇌는 기억이라는 공간적 배열을 동적으로 바꾸면서 외부 환경의 변화하는 이미지를 만든다. 사물과 사건에 대한 이미지를 지속적으로 재배열함으로써 제한된 공간에서 시간 의식이 출현한다. 기억 공간에서 가능한 배열의 수가 바로 지식이며 의식이 된다. 이미지 패턴의 배열은 물리학에서 엔트로피와 같다. 결국 의식을 향한 뇌과학은 엔트로피라는 개념을 통해 물리학과 만날 수 있다. 의식의 실체가 물리학의 원자처럼 명확해지면 우주와 인간 자신의 존재에 대해 이해할 수 있다.

빅뱅에서 시작된 현재의 우주는 암흑에너지, 암흑물질, 물질로 구성되어 있다. 물질은 전체 우주에서 4퍼센트 정도이고, 대부분은 암흑에너지다. 빅뱅 당시의 우주에는 복사에너지가 대부분이었고, 수억 년 이후 출현한 별의 구성 물질은 대부분 이온화된 수소다. 복사에너지는 광자이고 이온화된 수소는 양성자다. 별과 별 사이의 극히 낮은 온도 영역에서만 양성자에 구속된 전자로 이루어진 수소 원자가 존재한다. 그래서 우주 초기부터 별의 탄생까지도 양성자, 전자, 광자의 세계다.

지구는 현재까지 우주에서 생명이 존재하는 유일한 천체다. 그래서 지구 이야기에서는 생명의 진화가 중심이 된다. 지구에서 생명의 출현은 대기, 대륙, 대양의 순환 과정과 연결된다. 대륙과 대양의 순환 사이클이 판구조론이다. 대륙판과 해양판이 지속적으로 이동함에 따라 지구는 변화하는 행성이 되었다. 지구에서는 물 분자가 고체, 기체, 액체의 세 가지 상태로 존재할 수 있어 생명이 출현했다. 판구조 운동에 동반하는 조산 작용으로 인해 광물이 생성되어 광물과 생물의 공진화가 가능해졌다. 광물과 생물의 공진화는 결정 분자와 생화학 분자에 의한 분자 간 상호작용이다. 생화학 분자의 대부분은 양성자가 각각 6개, 7개, 8개인 탄소, 질소, 산소 원자로 구성된다.

생명 현상은 생화학 분자들 사이의 정교한 전자 이동이다. 그래서 생명 현상도 결국 전자, 양성자, 광자의 이야기다. 지구라는 행성 위 인간이라는 현상에서 가장 중요한 것은 언어와 의식의 출현이다. 우주에서 인간에 이르는 자연현상의 바탕에는 항상 전자, 양성자, 광자의 상호작용이 존재한다. 그래서 자연과학 공부는 별, 바위, 꽃에서 전자, 양성자, 광자의 상호관계를 밝혀내는 과정이다. 중력 현상을 제외한 거의 모든 자연현상이 전자, 광자, 양성자의 무수한 상호작용인 이유는 전자가 경입자에서 가장 가벼운 소립자이고, 양성자는 3개의 쿼크로 이루어진 중입자에서 가장 가벼운 입자이기 때문이다. 가장 가벼운 입자는 질량이 최소여서 가장 안정적이다. 입자물리학에서는 양성자의 수명은 현재 우주의 나이보다 더 길고 거의 수명의 제한이 없다고 여겨진다. 우주에는 중력, 전자기력, 약력, 강력의 네 가지 힘만 존재하고, 광물과 생명 현상은 대부분 전자기 상호작용이다.

우주의 네 가지 힘에 익숙해지면 물리학이 친숙해진다. 악어, 새, 사자는 모두 육상 척추동물이며 뼈를 통해 움직임을 유추할 수 있다. 이처럼 자연과학의 모든 분야마다 익숙해져야 하는 기본 용어들이 있다. 새로운 분야의 공부는 새로운 학술 용어에 익숙해지는 과정이다. 새는 날개로 하늘을 날지만 인간은 뇌를 사용하여 비행기를 만든다. 새는 물리적 공간 속에서 자연에 구속된 진화를 한 반면, 인간은 상징 공간 속에서 문화적 진화를 했다. 영장류와 인간은 대뇌피질이 급속히 커졌고, 그 결과 언어라는 상징 체계로 신경정보를 처리하는 영역인 전전두엽이 발달했다. 언어와 상징은 맥락적 관계 속에서 의미를 생성한다. 의미는 인간 뇌 작용이 생성한 정보적 속성이지 자연물이 아니다. 자연의 목록에 의미라는 항목은 존재하지 않는다. 의미와 상징은 인간의 신경 시스템이 창출해낸 정보로 이루어진 또 하나의 우주다. 의미의 세계는 우주 속 존재인 인간에서 생성되었지만 물리적 우주를 모두 담아낸다. 존재가 존재의 근원을 밝혀내는 순간 그 존재는 더 이상 이전의 존재가 아니다.

태양이라는 별에서 방출하는 저에너지 방사선인 가시광선은 바위틈에서 올라온 물 분자를 분해한다. 그 과정에서 산소 분자와 자유전자가 생겨난다. 자유전자는 식물의 엽록소로 이동하고, 식물에서 방출된 산소 분자는 20억 년 전부터 대기 중에 축적되어 행성 지구에 산소혁명을 일으켰다. 광자들이 물 분자를 분해하는 과정에는 망간 이온이 필요하다. 전이금속인 망간은 광자를 흡수하면서 전자를 순차적으로 방출하여 +2가에서 +7가까지 이온화된다. 식물의 광합성은 산소 분자와 포도당을 생성한다. 행성 지구의 동물은 그 산소 분자를 물 분자로 환원하는 호흡 과정을 통해 에너지를 생성한다. 인간도 산소 호흡으로 생성된 생체 에너지 분자인 ATP를 사용하여 기억하고 생각하고 느낀다. 세포 속 미토콘드리아에서 일어나는 호흡 과정에서 수소 양이온인 양성자가 생성된다. 세포 속에 양성자 농도가 높아지면 세포가 산성화된다. 세포의 산성화, 토양의 산성화, 해양의 산성화는 모두 수소 양이온의 농도가 높아지는 현상이다.

고대 그리스 사람들은 물, 불, 공기, 흙이 자연을 구성하는 바탕 질료라고 생각했다. 인류는 지난 2000년 동안 자연현상을 지, 수, 화, 풍 4대 요소의 작용으로 보았으나 18세기부터는 원소라는 개념으로 전환되었다. 그리스 시대에 잠시 존재한 원자론이 19세기 초 존 돌턴 John Dalton의 원자론으로 되살아난 것이다. 돌턴은 각각의 원자는 고유한 질량으로 구별되며, 원자와 원자가 정수 비례로 결합하여 화합물을 만든다고 주장했다. 1897년 조지프 톰슨이 전자를 발견하고, 1910년 어니스트 러더퍼드Ernest Rutherford가 실험을 통해 원자핵의 존재를 밝혀내면서, 태양계 구조의 원자 모형이 구체화되었다. 닐스 보어는 원자핵 둘레를 원운동하는 전자의 각운동량이 양자화된다고 가정하면서 플랑크 상수를 도입했다. 플랑크 상수는 빛에너지가 양자화된 양으로, 플랑크 상수를 도입함으로써 원자 모델과 빛이 연결되었다. 보어 원자 모델의 핵심은 원자핵 둘레에 존재하는 전자의 궤도가 연속적이지 않다는 것이다. 전자는 높은 에너지 궤도에서 낮은 에너지 궤도로 천이하는 과정에서, 궤도 에너지의 차이 값에 해당하는 자외선, 가시광선, 적외선을 방출한다. 톰슨은 전자의 질량이 수소 양이온, 즉 양성자 질량의 1000분의 1 정도라고 추정했고, 러더퍼드는 원자의 중심에 양의 전하를 갖는 큰 질량의 핵이 있음을 밝혀냈다.

보어의 원자 모델을 통해 원자핵, 전자, 광자의 관계가 명확해졌다. 러더퍼드의 제자인 헨리 모즐리는 엑스선 연구를 통해 주기율표에 있는 개별 원소들의 양성자 개수가 엑스선 주파수와 관련됨을 발견했다. 그래서 주기율표가 질량 순서가 아닌 양성자 개수가 하나씩 증가하는 배열로 구성된 것이다. 슈뢰딩거는 수소 원자핵인 양성자의 전하 에너지에 구속된 전자의 상태를 밝혀내는 슈뢰딩거 방정식을 풀어서 전자의 파동함수를 구했다. 전자의 파동함수의 물리적 의미를 두고 닐스 보어를 위시한 코펜하겐 학파가 논의를 진행했다. 막스 보른은 복소수로 표현되는 전자의 파동함수를 실수로 전환하여 파동함수가 전자가 특정 궤도에 존재할 확률로 해석했다. 이로써 양자역학의 세계관은 확률론적 결정론이 되었다. 폴 디랙은 상대성이론을 도입하여 디랙 방정식을 통해 전자의 파동함수를 구했다. 디랙 방정식의 해답에 해당하는 상대론적 전자의 파동함수를 해석하는 과정에서 전자와 질량은 같고 전하량만 다른 반전자와 전자에 두 가지 다른 스핀 상태가 존재함이 밝혀졌다. 1928년 디랙 방정식으로 양자혁명의 기본 구조가 완성되었다. 그 후 1932년 제임스 채드윅 James Chadwick이 중성자를 발견하면서 원자의 모델이 구체화되었다. 그와 동시에 칼 데이비드 앤더슨 Carl David Anderson이 우주에서 지구로 유입되는 우주선에서 전자의 반입자인 반전자를 발견하여 디랙 방정식에 나타난 반물질의 존재가 확실해졌다.

중성자를 우라늄 원자핵에 충돌시킨 오토 한 그룹의 실험으로 우라늄 핵분열 시대가 시작되었다. 1942년에는 페르미가 최초의 우라늄 연쇄 반응로인 원자로를 만들었고, 1945년에 맨해튼 프로젝트로 원자탄이 출현했으며, 한반도가 일본에서 독립했다. 주기율표는 4개의 정수로 규정된다. 보어 원자 모델에서 주양자 수, 슈뢰딩거 방정식에서 분리상수로 등장하는 각운동량과 자기 양자 수, 그리고 디랙 방정식의 해답에서 출현하는 전자의 두 가지 스핀 상태다. 주양자 수는 구의 중심에서 구의 표면까지의 거리이며, 각운동량과 자기 양자 수는 구 표면의 경도와 위도 값의 변화에 관련되는 변수다. 그래서 주기율표의 기본 구조는 양성자의 증가에 따른 수 체계이며, 궤도 전자의 천이로 생성되는 빛 체계이고, 네 가지 양자 수로 규정되는 공간 체계이다.

원자는 원자핵과 전자로 구성되고, 원자핵은 양성자와 중성자로 이루어진다. 양성자보다 질량이 조금 더 큰 중성자는 핵 속에서는 안정적으로 존재하지만 원자핵을 벗어나면 15분 후에 베타붕괴로 전자와 반중성미자를 방출하고 양성자로 전환한다. 태양 중심의 핵융합에서 핵심 과정은 중성자가 양성자로 전환하는 베타붕괴다. 베타붕괴 과정에서 새로운 원소가 만들어진다. 양성자가 양의 전하를 갖는 반전자와 중성미자를 방출하면 중성자로 바뀐다. 이러한 중성자와 양성자의 상호 변환이 태양과 지구 광물에서 일어나는 방사능 현상의 본질이다.

45억 년 전에 탄생한 행성 지구는 초기의 용융 상태를 거치면서 내핵, 외핵, 맨틀, 지각으로 층상분화를 했다. 용융 상태의 지각이 식어서 굳어지고 대기 중에 수증기가 응축하여 비가 쏟아져 내려 바다가 생겨났다. 약 35억 년 전부터 화강암으로 구성된 대륙이 서서히 성장하기 시작했다. 무거운 해양판이 대륙판 아래로 밀고 들어가면서 지구는 판구조 운동을 하며 변화하는 행성이 되었다. 초기 지구 대기층의 이산화탄소는 대량으로 바다에 녹아 들어가고, 20억 년 전부터 대기 중에 산소 분자가 축적되었다. 판구조 운동으로 대륙, 대양, 대기의 표층 환경이 변화하면서 지구는 생명 현상이 출현할 수 있는 행성이 되었다.

판구조 운동으로 지구는 태양계의 다른 행성과 달리 끊임없이 변화하는 행성이 되었다. 억 년 단위의 대륙 이동, 천만 년 단위 암석 생성, 천 년 단위의 해류 순환, 그리고 매일 이루어지는 대기 상태 변화가 함께 작동하는 행성이 바로 지구다. 상승 슈퍼플룸은 지각에 균열을 만들어 새로운 해양 지각을 생성하고 대륙판을 움직이게 한다. 대륙판 아래로 섭입된 해양판은 일부가 용융하여 마그마를 형성하고, 나머지는 계속 하강하여 상부 맨틀과 하부 맨틀의 경계 지역에 수억 년에 걸쳐 축적된다. 축적되어 쌓인 해양판은 그 무게로 지구 중심을 향해 낙하하여 외핵에 도달한다. 액체 상태의 지구 외핵이 추락하는 충격의 반작용으로 상승하는 마그마의 흐름이 생성되는데, 이를 상승 슈퍼플룸이라 한다.

판구조론과 슈퍼플룸의 작용으로 지구 표층에서는 약 5억 년 주기로 초대륙이 생성되며, 생성된 초대륙은 다시 분열된다. 10억 년 전에 출현한

로디니아 초대륙이 8억 년 전부터 분열되었다가 고생대에 3억 년에 걸쳐 서서히 결합하면서 다시 판게아 초대륙을 형성했다. 중생대에 활발해진 슈퍼플룸의 작용으로 곤드와나 대륙이 분열했고, 그 과정에서 대서양이 생기면서 아프리카와 남아메리카 대륙이 생겨났다. 판구조론은 대륙, 대양, 대기의 순환 과정을 원자 수준에서도 모두 통합하게 해준다. 20억 년 전 대기 중에 산소 분자가 축적되는 1차 산소혁명으로 지각 암석이 산화되어 1300종의 산화 광물이 전 지구 표층에 생성되었다. 산화 광물이 분해되어 고생대 데본기에 토양층이 형성되고 지구상에 숲이 출현했다. 고생대 초에 육상으로 진출한 녹색식물이 숲을 이루었고, 석탄기에는 양서류, 페름기에는 파충류가 번성했다.

고생대에서 신생대까지 5억 년간 이어진 지구 표층 환경 변화는 생물과 광물의 공진화로 설명된다. 광물과 생물의 공진화 과정에서 생물의 외부 보호막과 생체 조직 일부가 광물화되는 생물의 광물화 현상이 일어났다. 암석층이 식물에 의해 분해되는 풍화작용으로 토양층이 생성되어 생물이 살아갈 수 있는 환경이 확대되고 다양해졌다. 지질학적 변화에 따른 새로운 생태 환경에 적응하는 과정이 바로 생물의 진화다. 생물과 광물의 공진화 과정을 세포 수준에서 살펴보면 탄소, 산소, 질소 원자와 금속 양이온의 상호작용에 도달한다.

지구의 맨틀과 지각을 구성하는 광물은 대부분 산화규소의 규산염 광물이다. 규산염 광물은 산소 원자 4개가 규소 원자 1개와 결합하여 사면체 구조의 분자를 형성하는데, 이 사면체 구조가 반복하여 1300종의 광물을 만든다. 층상규산염 광물이 빗물로 풍화되면 칼슘, 마그네슘 같은 금속 양이온이 분리되어 나와 바다로 유입된다. 약 35억 년 전 초기 대양에서 원핵세포들이 출현할 때 이 금속 양이온들이 세포 속으로 들어갔다. 원핵세포에서 약 20억 년 전 진핵세포가 출현하고, 진핵세포에서 다세포 동물, 균류, 식물이 진화했다.

금속 양이온에서 철 이온은 동물의 적혈구 속에서 산소를 운반하고, 마그네슘 이온은 식물 엽록체에서 광합성에 관계한다. 나트륨 이온은 동물 신경세포에서 활성전위를 생성하는데 활성전위의 상호 연결로 인간의 사고 작용이 출현했다. 산화 광물에서 기원하는 칼슘, 칼륨, 나트륨, 마그네슘, 철의 금속 양이온은 생물과 광물의 공진화 과정에서 핵심적인 역할을 하는 이온이다. 대륙, 대양, 대기의 순환 과정은 세포 속 생화학 작용의 핵심인 금속 양이온의 작용까지 연결해준다. 지구라는 행성을 물리적으로 추적하는 과정은 판구조론을 통해 원자의 미시세계까지 연결되어 원소의 주기율표를 만난다.

주기율표는 양성자의 개수가 1개씩 증가하면서 92가지 원소를 배열한다. 원자들은 공유결합, 이온결합, 금속결합으로 서로 결합하여 물질을 만든다. 물질에서 분리되어 독립한 원자 그 자체는 별과 별 사이에만 존재한다. 원자는 원자핵과 전자로 구성되고, 원자핵은 양성자와 중성자로 이루어진다. 같은 원소에서 중성자 개수만 다른 동위원소와 전자의 개수만 다른 이온이 중요하다. 별 속 핵융합 과정에서는 다양한 동위원소가 생성된다. 우라늄 동위원소의 비율을 측정하여 지구의 나이를 알게 되었고, 희토류 원소에서 동위원소 비율을 측정하여 다양한 암석의 생성 연대를 측정한다. 산소 동위원소비를 통하여 신생대 지구 기온을 알게 되고, 방사선 탄소 동위원소를 추적하여 식물의 광합성 과정이 밝혀졌다. 이처럼 동위원소 측정을 통해 천문학, 지질학, 생물학은 급속히 엄밀 과학이 되었다. 지구 표층의 끊임없는 환경 변화 과정은 생물과 광물을 구성하는 동위원소 비율로 기록된다.

세포 속 생화학 작용은 포도당, 아미노산, 지방산 분자들이 전자를 주고받는 현상이다. 전자를 잃어버린 분자나 원자는 양이온이 되고, 전자를 획득하면 음이온이 된다. 원자가 아닌 이온화된 분자들이 생명 현상의 주역이다. 좁은 생체막 속에서 양과 음의 전하를 갖게 된 이온들이 전기적 인력으로 상호작용하는 현상이 세포 속 생화학 과정이다. 별의 핵융합 과정에서는 양성자-양성자 연쇄와 CNO 순환, 삼중 알파입자 과정이 중요하다. 헬륨 원자핵인 알파입자는 핵융합 과정에서 결합하여 탄소, 산소, 네온, 마그네슘, 칼슘처럼 양성자가 짝수인 원소가 많아진다. 별과 바위와 꽃이 만나는 과정에는 동위원소와 이온분자들이 길을 만들어준다. 적색거성에서 주기율표의 가벼운 원소들이 생성되고, 초신성이 폭발하는 과정에서 고밀도의 중성자 다발에 의해 무거운 원소들이 빠른 속도로 만들어진다. 적색거성과 초신성에서 중성자가 전자와 반중성미자를 방출하고 양성자로 변하는 -베타붕괴가 일어난다. 핵융합 과정에서 중성자가 양성자로 변화하여 주기율표를 구성하는 대부분 원소들이 생겨난다.

　우주를 구성하는 원소는 양성자의 개수로 구분한다. 양성자의 +전하가 전자의 -전하와 쿨롱의 힘이라는 전기적 인력으로 결합하여 수소 원자가 탄생했고, 수소 원자들이 중력으로 뭉쳐 별이 탄생했으므로 양성자와 전자는 우주 물질의 핵심 요소다. 원자핵 둘레에 확률적으로 존재하는 전자는 자신의 고유한 에너지 상태 사이를 전환하면서 에너지 준위 차이에 해당하는 광자를 방출하거나 흡수한다. 빛 에너지 다발인 광자를 이용하여 이산화탄소와 산소를 결합하여 포도당을 만드는 과정이 바로 광합성이다. 광합성으로 꽃이 핀다. 그래서 별, 바위, 꽃은 전자, 양성자, 광자가 상호작용한 결과다. 지구라는 행성에서 살아가는 인간이라는 현상을 살펴보는 과정은 전자, 양성자, 광자의 무수한 상호작용으로 통합된다.

대륙, 대양, 대기의 순환 과정이 지구를 변화하는 행성으로 만들었지만, 인간이라는 현상의 출발은 세포에서 시작했다. 원시 대양에서 원핵세포인 박테리아가 출현하고, 20억 년 전 미토콘드리아가 숙주세포 속에서 세포내공생하면서 진핵세포가 출현했다. 신원생대의 눈덩이 지구를 거치면서 진핵세포들이 결합하여 다세포 생물이 출현했다. 고생대 캄브리아기에 어류가 출현하면서 해양 척추동물이 등장했다. 데본기에 물고기가 육지로 진출하면서 육상 척추동물인 양서류가 진화했다. 사지동물인 양서류가 건조한 대륙 내부 환경에 적응하는 과정에서 양막류가 진화했고, 양막류에서 파충류, 조류, 포유동물이 출현했다. 포유류는 단공류, 유대류, 태반류로 분화했고, 신생대에는 거대 육상 공룡이 사라진 대륙에 태반포유류가 방산 확산하여 4000종 이상으로 다양해졌다. 확장된 대뇌 신피질 덕에 환경 적응 능력이 크게 향상된 태반포유류는 박쥐와 고래처럼 대기와 대양에 적응하였고, 신생대 플라이스토세에 출현한 태반포유동물인 호모 사피엔스는 대뇌 연합피질로 지각, 기억, 상징, 언어를 만들어냈다. 그리고 1만 년 전 홀로세 간빙기가 시작되면서 현생 인류는 씨족 공동체에서 부족 연합체로 발전했다.

언어를 통해 공유된 집단 지향성이 인간의 사회화를 가속시켰다. 인간의 감정과 행동이 사회화되면서 문화가 출현했다. 단세포 박테리아는 자극을 감지하고 반응함으로써 환경 변화에 적응하고, 동물은 감각 입력에 대해 근육 운동으로 반응한다. 인간은 지각을 통해 적절한 행동을 선택한다. 120만 년 전 인류의 선조는 불과 도구를 사용함으로써 대뇌 신피질이 두 배로 확장되었다. 20만 년 전에 아프리카에서 출현한 호모 사피엔스는 확장된 대뇌 신피질의 인지 작용 덕에 전 지구적으로 확산하여 환경 변화에 적응했다.

호모 사피엔스의 인지 작용에서 장기기억, 작업기억, 주의집중, 언어, 고차의식이 출현했다. 인간의 대뇌 일차피질은 영장류와 비슷한 수준이지만 연합피질이 크게 확장되었다. 시각, 청각, 촉각이 연합되는 감각연합피질에서 관찰 대상의 시각 이미지와 청각 이미지가 결합된다. 이로써 생존에 중요한 사건과 장소에 대한 주의력과 기억이 강화된다. 운동연합피질의 작용이 늘어나 운동 계획 단계가 발달하면서 즉각적 움직임보다 목적 지향적 행동이 강화된다. 감각연합피질의 음성 정보가 운동연합피질의 발성 회로와 연결되면서 언어가 출현했다. 현생 인류인 호모 사피엔스는 언어를 통한 소통으로 개념과 의미를 공유하는 부족 사회를 이루었다. 언어와 상징은 외부에서 입력되는 감각자극이 아니라 뇌 자체에서 생성되는 자극이다. 그래서 뇌 속의 정보는 상징으로 전달된다. 대뇌 신피질의 일차 영역에서는 외부 환경에서 직접 입력되는 자극을 처리하지만, 연합피질에서 생성하는 정보는 개념화된 언어다. 상징과 언어는 뇌가 스스로 만들어 낸 자극이다.

언어와 상징은 실제 자연에는 존재하지 않는, 뇌가 스스로 만든 제2의 자연이다. 이를 가상 세계라 한다. 인간 뇌 작용은 언어 개념을 통해 물리적 자연에는 존재하지 않는 가상 세계를 출현시켰다. 언어를 통한 개념과 상징의 세계는 의미의 공간이다. 인간 뇌의 연합피질이 창출하는 언어의 세계는 가치에 근거한 의미의 세계지만, 자연 속에는 의미가 존재하지 않는다. 의미와 가치는 인간이라는 종과 더불어 출현하는 인간 현상 그 자체다. 물리적 우주에 인간은 존재하지만 의미는 존재하지 않는다. 우주 속의 인간은 생물학적 신체의 일부분인 뇌의 작용으로 물리, 생리, 심리 단계가 동시에 작동하는 다층적이고 복합적인 존재가 되었다. 우리의 뇌는 신경세포의 말단으로 분출하는 분자들의 공간적 배열을 매 순간 변화시켜 외부 감각을 정신적 이미지로 만든다. 대뇌 신피질은 사물과 사건에 대한 뇌속 이미지를 연속적으로 재배열하여 외부 세계상을 만든다. 신경세포가 만드는 신경 흥분 패턴의 수가 기억과 의식이 된다. 기억 공간에서 가능한 배열의 수가 정보의 양이 되며, 물리학의 엔트로피가 된다. 엔트로피 증대의 법칙은 가장 확률 높은 배열의 패턴이 자연현상의 방향임을 나타낸다. 결국 의식을 밝혀내려는 뇌과학은 엔트로피라는 개념을 통해 물리학과 만날 수 있다.